系统架构设计师章节习题与考点特训

主　编　薛大龙　邹月平

副主编　张　珂　孙俊忠　胡　强　王建平

中国水利水电出版社
www.waterpub.com.cn
·北京·

内 容 提 要

系统架构设计师考试是全国计算机技术与软件专业技术资格（水平）考试（简称"软考"）的高级资格考试，通过系统架构设计师考试可获得高级工程师职称。

本书针对新颁第 2 版系统架构设计师考试大纲编写，作为软考教材的章节习题集，具有四个特点：结构与第 2 版官方教材一致；知识点分布与最新考试大纲一致；重点与高频考点一致；习题难度与历年真题一致。在学习了知识点之后，再做与该章节知识点相对应的练习题，可以极大地提升学习效率。

本书可作为考生备考系统架构设计师考试的学习教材，也可供相关考试培训班使用。

图书在版编目（CIP）数据

系统架构设计师章节习题与考点特训 / 薛大龙，邹月平主编. -- 北京：中国水利水电出版社，2024.12.
ISBN 978-7-5226-3017-5

Ⅰ．TP303

中国国家版本馆 CIP 数据核字第 20243VE275 号

责任编辑：周春元　　加工编辑：贾润姿　　封面设计：李　佳

书　名	系统架构设计师章节习题与考点特训 XITONG JIAGOU SHEJISHI ZHANGJIE XITI YU KAODIAN TEXUN
作　者	主　编　薛大龙　邹月平 副主编　张　珂　孙俊忠　胡　强　王建平
出版发行	中国水利水电出版社 （北京市海淀区玉渊潭南路 1 号 D 座　100038） 网址：www.waterpub.com.cn E-mail: mchannel@263.net（答疑） 　　　　sales@mwr.gov.cn 电话：（010）68545888（营销中心）、82562819（组稿）
经　售	北京科水图书销售有限公司 电话：（010）68545874、63202643 全国各地新华书店和相关出版物销售网点
排　版	北京万水电子信息有限公司
印　刷	三河市鑫金马印装有限公司
规　格	184mm×240mm　16 开本　14.75 印张　355 千字
版　次	2024 年 12 月第 1 版　2024 年 12 月第 1 次印刷
印　数	0001—3000 册
定　价	58.00 元

凡购买我社图书，如有缺页、倒页、脱页的，本社营销中心负责调换

版权所有·侵权必究

全国计算机技术与软件专业技术资格（水平）考试辅导用书编委会

主　任：薛大龙

副主任：邹月平　姜美荣　胡晓萍

委　员：刘开向　胡　强　朱　宇　杨亚菲
　　　　施　游　孙烈阳　张　珂　何鹏涛
　　　　王建平　艾教春　王跃利　李志生
　　　　吴芳茜　黄树嘉　刘　伟　兰帅辉
　　　　马利永　王开景　韩　玉　周钰淮
　　　　罗春华　刘松森　陈　健　黄俊玲
　　　　孙俊忠　王　红　赵德端　涂承烨
　　　　余成鸿　贾瑜辉　金　麟　程　刚
　　　　唐　徽　刘　阳　马晓男　孙　灏
　　　　陈振阳　赵志军　顾　玲　上官绪阳

本书之 WHAT&WHY

为什么选择本书

软考的历年全国平均通过率一般在10%左右。考试所涉及的知识范围较广，而考生多忙于工作，仅靠教程，考生在有限的时间内很难领略及把握考试的重点和难点。

本书作者多年来潜心研究软考知识体系，对历年的软考试题进行了深入分析、归纳与总结，并把这些规律融入软考培训的教学当中，取得了非常显著的效果。但由于各方面条件有限，能够参加面授的考生还是相对少数，为了能让更多考生分享到我们的一些经验与成果，特组织编写了本书。本书具有以下四个特点：

- **结构与第2版官方教材一致**：本书按照分类组织成习题集，使考生能更有针对性地复习和应考，考生通过做本书的习题，可掌握教材各章的知识点、考试重点和难点，熟悉考试方法、试题形式、试题的深度与广度、考试内容的分布，以及解答问题的方法和技巧。
- **知识点分布与最新考试大纲一致**：本书作者通过细致分析考试大纲，结合命题规律，使得本书中的题目分布与最新的系统架构设计师考试大纲的要求一致，符合考试大纲要求的正态分布。在学习了知识点之后，再做与该章节知识点相对应的练习题，可以极大地提升学习效率。
- **重点与高频考点一致**：本书把作者团队中多名杰出讲师的软考教学经验、多年试题研究经验及命题规律总结经验融汇在一起，练习题目与高频考点呈强正相关的关系，同时兼顾非高频考点。
- **习题难度与历年真题一致**：本书在以上三个特点的基础上，还专门分析了考试难度，使得习题的难度与历年真题的难度一致，从而使考生不偏离考试重点，符合考试要求。

本书作者不一般

本书由薛大龙、邹月平担任主编，由张珂、孙俊忠、胡强、王建平担任副主编。具体负责内容如下：第1、8、12~15章由张珂负责，第2~4、20、21章由胡强负责，第5、7、16~19章由孙俊忠负责，第6、9~11章由王建平负责，第22章由孙俊忠、张珂负责。全书由邹月平确定架构，赵德端统稿，薛大龙定稿。

薛大龙，北京理工大学博士研究生，多所大学客座教授，工信部中国智库专家，财政部政府采购评审专家，北京市评标专家，软考课程面授及网校名师，曾多次参与软考的命题与阅卷，善于把握考试要点、总结规律及理论结合实际，所讲授的课程通俗易懂、深入浅出，深受学员喜爱。

邹月平，全国计算机技术与软件专业技术资格（水平）考试辅导用书编委会副主任、面授名师，以语言简练、逻辑清晰，善于在试题中把握要点、总结规律，帮助考生提纲挈领、快速掌握知识要点而深得学员好评。主要讲授系统分析师、系统架构设计师、软件设计师等课程。

张珂，高级工程师、系统分析师、系统架构设计师、信息系统项目管理师，全国计算机技术与软件专业技术资格（水平）考试辅导用书编委会委员。曾在百度、腾讯等知名互联网公司作为架构师主导亿级大型项目的实施，在央行下属公司作为研发组长参与国家级重点金融项目的建设，具有丰富的项目管理经验和技术经验。

孙俊忠，南京大学软件工程专业研究生，系统架构设计师、系统分析师、软件设计师。具有二十多年行业经验，曾担任系统研发、方案经理、项目经理以及技术总监等职位，涉及领域广泛，包括通信、环保、人力资源等多个行业，具备丰富的实战经验和深厚的技术理解。

胡强，高级工程师、系统架构设计师、系统分析师、信息系统项目管理师、信息安全工程师。广州市科技进步奖获得者，广州市评标专家，具有大型国资企业信息化工程建设、信息化管理二十多年从业经验。

王建平，全国计算机技术与软件专业技术（资格）水平考试辅导用书编委会委员，高级工程师、系统架构设计师、系统分析师、系统规划与管理师、信息系统项目管理师。财政部信息化评审专家，具有十年以上信息化管理从业经验。

本书适合谁

本书可作为考生备考"系统架构设计师"的学习教材，也可供相关考试培训班使用。考生可通过学习本书，掌握考试的重点，熟悉试题形式及解答问题的方法和技巧等。

致谢

感谢中国水利水电出版社周春元编辑在本书的策划、写作大纲的确定、编辑出版等方面付出的辛勤劳动和智慧，以及他给予我们的很多支持与帮助。

由于编者水平有限，且本书涉及的内容很广，书中难免存在疏漏和不妥之处，诚恳地期望各位专家和读者不吝指正和帮助，对此，我们将十分感激。

编 者
2024 年于北京

目　　录

本书之 WHAT&WHY

第 1 章　绪论 ································· 1
　系统架构概述 ····························· 1
　答案及解析 ································· 2
第 2 章　计算机系统基础知识 ········· 3
　2.1　计算机硬件 ························· 3
　答案及解析 ································· 3
　2.2　计算机软件 ························· 4
　答案及解析 ································· 5
　2.3　嵌入式系统及软件 ·············· 6
　答案及解析 ································· 6
　2.4　计算机网络 ························· 7
　答案及解析 ································· 7
　2.5　计算机语言 ························· 8
　答案及解析 ································· 8
　2.6　多媒体 ································ 9
　答案及解析 ································· 9
　2.7　系统工程 ··························· 10
　答案及解析 ······························· 11
　2.8　系统性能 ··························· 11
　答案及解析 ······························· 12
第 3 章　信息系统基础知识 ··········· 13
　3.1　信息系统概述 ···················· 13
　答案及解析 ······························· 14
　3.2　业务处理系统 ···················· 14
　答案及解析 ······························· 15
　3.3　管理信息系统 ···················· 15
　答案及解析 ······························· 16
　3.4　决策支持系统 ···················· 16
　答案及解析 ······························· 17
　3.5　专家系统 ··························· 17

　答案及解析 ······························· 18
　3.6　办公自动化系统 ················ 19
　答案及解析 ······························· 19
　3.7　企业资源规划 ···················· 19
　答案及解析 ······························· 20
　3.8　典型信息系统架构模型 ····· 20
　答案及解析 ······························· 21
第 4 章　信息安全技术基础知识 ···· 22
　4.1　信息安全基础知识 ············ 22
　答案及解析 ······························· 22
　4.2　信息安全系统的组成框架 ·· 23
　答案及解析 ······························· 24
　4.3　信息加解密技术 ················ 24
　答案及解析 ······························· 24
　4.4　密钥管理技术 ···················· 25
　答案及解析 ······························· 25
　4.5　访问控制及数字签名技术 ·· 26
　答案及解析 ······························· 26
　4.6　信息安全的抗攻击技术 ····· 27
　答案及解析 ······························· 27
　4.7　信息安全的保障体系与评估方法 ········ 28
　答案及解析 ······························· 28
第 5 章　软件工程基础知识 ··········· 30
　5.1　软件工程 ··························· 30
　答案及解析 ······························· 32
　5.2　需求工程 ··························· 33
　答案及解析 ······························· 35
　5.3　系统分析与设计 ················ 36
　答案及解析 ······························· 40
　5.4　软件测试 ··························· 42

答案及解析 …………………………………… 43
　5.5　净室软件工程 …………………………………… 44
　　答案及解析 …………………………………… 45
　5.6　基于构件的软件工程 …………………………………… 45
　　答案及解析 …………………………………… 46
　5.7　软件项目管理 …………………………………… 47
　　答案及解析 …………………………………… 49

第 6 章　数据库设计基础知识 …………………………………… 51
　6.1　数据库基本概念 …………………………………… 51
　　答案及解析 …………………………………… 53
　6.2　关系数据库 …………………………………… 55
　　答案及解析 …………………………………… 60
　6.3　数据库设计 …………………………………… 66
　　答案及解析 …………………………………… 67
　6.4　应用程序与数据库的交互 …………………………………… 69
　　答案及解析 …………………………………… 69
　6.5　NoSQL 数据库 …………………………………… 69
　　答案及解析 …………………………………… 70

第 7 章　系统架构设计基础知识 …………………………………… 72
　7.1　软件架构概念 …………………………………… 72
　　答案及解析 …………………………………… 73
　7.2　基于架构的软件开发方法 …………………………………… 73
　　答案及解析 …………………………………… 74
　7.3　软件架构风格 …………………………………… 75
　　答案及解析 …………………………………… 76
　7.4　软件架构复用 …………………………………… 77
　　答案及解析 …………………………………… 78
　7.5　特定领域软件体系结构 …………………………………… 79
　　答案及解析 …………………………………… 80

第 8 章　系统质量属性与架构评估 …………………………………… 82
　8.1　软件系统质量属性 …………………………………… 82
　　答案及解析 …………………………………… 83
　8.2　系统架构评估 …………………………………… 84
　　答案及解析 …………………………………… 85
　8.3　ATAM 方法架构评估实践 …………………………………… 86
　　答案及解析 …………………………………… 87

第 9 章　软件可靠性基础知识 …………………………………… 89
　9.1　软件可靠性基本概念 …………………………………… 89
　　答案及解析 …………………………………… 90
　9.2　软件可靠性建模 …………………………………… 92
　　答案及解析 …………………………………… 93
　9.3　软件可靠性管理 …………………………………… 94
　　答案及解析 …………………………………… 95
　9.4　软件可靠性设计 …………………………………… 96
　　答案及解析 …………………………………… 97
　9.5　软件可靠性测试 …………………………………… 99
　　答案及解析 …………………………………… 100
　9.6　软件可靠性评价 …………………………………… 101
　　答案及解析 …………………………………… 102

第 10 章　软件架构的演化和维护 …………………………………… 104
　10.1　软件架构演化和定义的关系 …………………………………… 104
　　答案及解析 …………………………………… 105
　10.2　面向对象软件架构演化过程 …………………………………… 105
　　答案及解析 …………………………………… 106
　10.3　软件架构演化方式的分类 …………………………………… 106
　　答案及解析 …………………………………… 108
　10.4　软件架构演化原则 …………………………………… 110
　　答案及解析 …………………………………… 111
　10.5　软件架构演化评估方法 …………………………………… 112
　　答案及解析 …………………………………… 113
　10.6　大型网站系统架构演化实例 …………………………………… 114
　　答案及解析 …………………………………… 115
　10.7　软件架构维护 …………………………………… 117
　　答案及解析 …………………………………… 118

第 11 章　未来信息综合技术 …………………………………… 120
　11.1　信息物理系统技术概述 …………………………………… 120
　　答案及解析 …………………………………… 121
　11.2　人工智能技术概述 …………………………………… 123
　　答案及解析 …………………………………… 124
　11.3　机器人技术概述 …………………………………… 125
　　答案及解析 …………………………………… 125
　11.4　边缘计算概述 …………………………………… 126

  答案及解析 ·················· 126
 11.5 数字孪生体技术概述 ·········· 127
  答案及解析 ·················· 128
 11.6 云计算和大数据技术概述 ······ 128
  答案及解析 ·················· 129

第 12 章 信息系统架构设计理论与实践 ···· 131
 12.1 信息系统架构基本概念及发展 ···· 131
  答案及解析 ·················· 132
 12.2 信息系统架构 ················ 132
  答案及解析 ·················· 133
 12.3 信息系统架构设计方法 ········ 134
  答案及解析 ·················· 134

第 13 章 层次式架构设计理论与实践 ······ 135
 13.1 层次式体系结构概述 ·········· 135
  答案及解析 ·················· 136
 13.2 表现层框架设计 ·············· 136
  答案及解析 ·················· 137
 13.3 中间层架构设计 ·············· 138
  答案及解析 ·················· 139
 13.4 数据访问层设计 ·············· 140
  答案及解析 ·················· 141
 13.5 数据架构规划与设计 ·········· 142
  答案及解析 ·················· 143
 13.6 物联网层次架构设计 ·········· 143
  答案及解析 ·················· 144

第 14 章 云原生架构设计理论与实践 ······ 146
 14.1 云原生架构的产生背景 ········ 146
  答案及解析 ·················· 147
 14.2 云原生架构的内涵 ············ 148
  答案及解析 ·················· 149
 14.3 云原生架构相关技术 ·········· 151
  答案及解析 ·················· 151

第 15 章 面向服务架构设计理论与实践 ···· 154
 15.1 SOA 的相关概念 ·············· 154
  答案及解析 ·················· 155
 15.2 SOA 的发展历史 ·············· 155

  答案及解析 ·················· 156
 15.3 SOA 的参考架构 ·············· 156
  答案及解析 ·················· 157
 15.4 SOA 主要协议和规范 ·········· 158
  答案及解析 ·················· 159
 15.5 SOA 设计的标准要求 ·········· 160
  答案及解析 ·················· 161
 15.6 SOA 的作用 ·················· 162
  答案及解析 ·················· 162
 15.7 SOA 的设计原则 ·············· 162
  答案及解析 ·················· 163
 15.8 SOA 的设计模式 ·············· 163
  答案及解析 ·················· 165
 15.9 构建 SOA 架构时应该注意的问题 ····· 167
  答案及解析 ·················· 167
 15.10 SOA 实施的过程 ············· 168
  答案及解析 ·················· 169

第 16 章 嵌入式系统架构设计理论与实践 ···· 170
 16.1 嵌入式系统概述 ·············· 170
  答案及解析 ·················· 171
 16.2 嵌入式系统软件架构原理与特征 ···· 172
  答案及解析 ·················· 174
 16.3 嵌入式系统软件架构设计方法 ···· 175
  答案及解析 ·················· 175

第 17 章 通信系统架构设计理论与实践 ···· 177
 17.1 通信系统概述 ················ 177
  答案及解析 ·················· 177
 17.2 通信系统网络架构 ············ 178
  答案及解析 ·················· 179
 17.3 网络构建关键技术 ············ 179
  答案及解析 ·················· 180
 17.4 网络构建和设计方法 ·········· 180
  答案及解析 ·················· 181

第 18 章 安全架构设计理论与实践 ········ 183
 18.1 安全架构概述 ················ 183
  答案及解析 ·················· 184

18.2 安全模型 ········ 184
答案及解析 ········ 185
18.3 系统安全体系架构规划框架 ········ 185
答案及解析 ········ 186
18.4 信息安全整体架构设计（WPDRRC 模型）········ 186
答案及解析 ········ 187
18.5 网络安全体系架构设计 ········ 188
答案及解析 ········ 188
18.6 数据库系统的安全设计 ········ 189
答案及解析 ········ 190
18.7 系统架构的脆弱性分析 ········ 191
答案及解析 ········ 192

第19章 大数据架构设计理论与实践 ········ 193
19.1 大数据处理系统架构分析 ········ 193
答案及解析 ········ 193
19.2 Lambda 架构 ········ 194
答案及解析 ········ 194
19.3 Kappa 架构 ········ 195
答案及解析 ········ 196
19.4 Lambda 架构与 Kappa 架构的对比和设计选择 ········ 196
答案及解析 ········ 197

第20章 知识产权 ········ 198
20.1 著作权 ········ 198
答案及解析 ········ 199
20.2 商标权 ········ 199
答案及解析 ········ 200

20.3 专利权 ········ 200
答案及解析 ········ 201
20.4 其他 ········ 201
答案及解析 ········ 202

第21章 运筹学 ········ 203
历年考试题 ········ 203
答案及解析 ········ 204

第22章 案例题 ········ 206
22.1 架构风格和架构评估 ········ 206
答案及解析 ········ 207
22.2 云计算和云原生 ········ 208
答案及解析 ········ 209
22.3 结构化分析和设计 ········ 210
答案及解析 ········ 211
22.4 面向对象分析和设计 ········ 212
答案及解析 ········ 214
22.5 嵌入式系统设计 ········ 214
答案及解析 ········ 216
22.6 SOA 和微服务架构设计 ········ 217
答案及解析 ········ 218
22.7 数据库设计 ········ 219
答案及解析 ········ 220
22.8 数据库缓存 ········ 221
答案及解析 ········ 222
22.9 Web 系统架构设计 ········ 223
答案及解析 ········ 224
22.10 数仓设计 ········ 225
答案及解析 ········ 226

第1章 绪论

系统架构概述

- 架构是体现在组件中的一个系统的基本组织、它们___(1)___及指导它的设计和发展的原则。
  - (1) A. 访问的关系与操作系统的关系　　B. 调用的关系与运行时的关系
    - C. 位置的关系与组织的关系　　　　D. 彼此的关系与环境的关系
- 下列关于架构设计作用的描述错误的是___(2)___。
  - (2) A. 解决相对复杂的需求分析问题
    - B. 解决软件功能在系统占据重要位置的设计问题
    - C. 解决生命周期长、扩展性需求高的系统整体结构问题
    - D. 解决系统基于组件需要的集成问题
- ___(3)___不是现代信息系统的架构的三个要素。
  - (3) A. 构件　　　　　　　　　　　B. 模式
    - C. 规划　　　　　　　　　　　D. 属性
- 软件系统架构是关于软件系统的结构、行为和___(4)___的高级抽象。
  - (4) A. 构件　　　　　　　　　　　B. 模式
    - C. 规划　　　　　　　　　　　D. 属性
- 关于系统架构设计师的说法,下列说法正确的是___(5)___。
  - (5) A. 系统架构设计师就是软件设计师
    - B. 系统架构设计师就是产品经理
    - C. 系统架构设计师就是项目经理
    - D. 系统架构设计师主要着眼于系统的"技术实现",同时还要考虑系统的"组织协调"

答案及解析

（1）**参考答案** D

试题解析 架构是体现在组件中的一个系统的基本组织、它们彼此的关系与环境的关系及指导它的设计和发展的原则。

（2）**参考答案** B

试题解析 架构设计的作用主要包括以下几点：解决相对复杂的需求分析问题；解决非功能属性在系统占据重要位置的设计问题；解决生命周期长、扩展性需求高的系统整体结构问题；解决系统基于组件需要的集成问题；解决业务流程再造难的问题。

（3）**参考答案** D

试题解析 现代信息系统的架构有三个要素，即构件、模式和规划。

（4）**参考答案** D

试题解析 软件系统架构是关于软件系统的结构、行为和属性的高级抽象。

（5）**参考答案** D

试题解析 系统架构设计师是信息系统开发和演进的全方位技术与管理人才。

第 2 章 计算机系统基础知识

2.1 计算机硬件

- 精简指令集计算机（Reduced Instruction Set Computer，RISC）的特点不包括___(1)___。
  - （1）A．指令长度固定，指令种类尽量少
  - B．寻址方式丰富，包括存储器间接寻址方式
  - C．增加寄存器数目，以减少访存次数
  - D．用硬布线电路实现指令解码，以尽快完成指令译码
- 存储器中可以长期保持数据的是___(2)___。
  - （2）A．片上缓存　　B．片外缓存　　C．主存　　D．外存
- 总线的常见的性能指标不包括___(3)___。
  - （3）A．总线带宽　　B．总线时延　　C．总线校验方法　　D．总线抖动
- 下列关于系统接口的说法，错误的是___(4)___。
  - （4）A．一种总线只存在一种接口
  - B．RJ45 是一种网络接口标准
  - C．HDMI 是一种视频接口标准
  - D．接口是指同一计算机不同功能层之间的通信规则

答案及解析

（1）**参考答案** B

试题解析 RISC 特点如下。

1）使用等长指令，目前典型长度为 4 个字节。

2）寻址方式少且简单，一般为 2～3 种，绝不出现存储器间接寻址方式。

3）只有取数指令、存数指令访问存储器。

4）指令集中的指令数目一般少于 100 种，指令格式一般少于 4 种。

5）指令功能简单，控制器多采用硬布线方式，以期更快的执行速度。

6）平均而言，所有的指令的执行时间为一个处理时钟周期。

7）强调通用寄存器资源的优化使用。

（2）**参考答案** D

试题解析 存储器按照与处理器的物理距离可分为四个层次。

片上缓存：在处理器核心中直接集成的缓存，一般为静态随机存取存储器（Static Random Access Memory，SRAM）结构，读写速度极快，掉电后数据丢失。

片外缓存：在处理器核心外的缓存，一般也是由 SRAM 构成的，容量较片上缓存略大，读写速度略低，掉电后数据丢失。

主存（内存）：通常采用动态随机存取存储器（Dynamic Random Access Memory，DRAM）结构，依赖不断充电维持其中的数据，掉电后数据丢失。

外存：可以是磁带、磁盘、光盘和各类 Flash 等介质器件，这类设备访问速度慢，但容量大，且在掉电后能够长期保持其数据。

（3）**参考答案** C

试题解析 总线的常见性能指标有总线带宽、总线服务质量（Quality of Service，QoS）、总线时延和总线抖动等。

（4）**参考答案** A

试题解析 接口是指同一计算机不同功能层之间的通信规则。计算机有多种接口，常见的包括显示类接口（HDMI、DVI 和 VGA 等）、网络类接口（RJ45、FC 等）、USB 接口、SATA 接口等。

对于总线而言，一种总线可能存在多种接口，比如，以太网总线可以通过 RJ45 或同轴电缆与之连接。

2.2 计算机软件

- 操作系统的主要作用不包括　（1）　。

  （1）A．管理计算机中运行的程序和分配各种软硬件资源

  　　B．为用户提供友善的人机界面

  　　C．为应用程序的开发和运行提供一个高效率的平台

  　　D．在内存和外设之间传输数据

- 分布式数据库的四层模式划分为全局外层、　（2）　和局部内层。

  （2）A．全局内层、局部外层　　　　　　B．全局概念层、局部概念层

  　　C．全局物理层、局部概念层　　　　D．全局概念层、局部外层

- 下列关于文件的物理结构的描述，不正确的是___(3)___。

    (3) A．连续结构将逻辑上连续的文件信息依次存放在连续编号的物理块上

    B．链接结构将逻辑上连续的文件信息存放在连续的物理块上

    C．索引结构为每个文件建立一张索引表，用于记录逻辑块号到物理块号的映射

    D．索引表通常与文件一起存放在同一文件卷上

- 常用的网络协议包括局域网协议、广域网协议、___(4)___和移动网协议。

    (4) A．无线网协议 B．有线网协议

    C．光纤协议 D．互联网协议

- Microsoft 的 COM+中间件属于___(5)___。

    (5) A．通信处理（消息）中间件 B．事务处理（交易）中间件

    C．跨平台和架构的中间件 D．专用平台中间件

答案及解析

（1）**参考答案 D**

试题解析　操作系统的作用是管理计算机中运行的程序和分配各种软硬件资源，为用户提供友善的人机界面，并为应用程序的开发和运行提供一个高效率的平台。

（2）**参考答案 B**

试题解析　分布式数据库的四层模式划分为全局外层、全局概念层、局部概念层和局部内层，在各层间还有相应的层间映射。

（3）**参考答案 B**

试题解析　常见的文件物理结构有以下几种：

1）连续结构也称顺序结构，将逻辑上连续的文件信息依次存放在连续编号的物理块上。

2）链接结构也称串联结构，将逻辑上连续的文件信息存放在不连续的物理块上，每个物理块有一个指针指向下一个物理块。

3）索引结构将逻辑上连续的文件信息存放在不连续的物理块中，系统为每个文件建立一张索引表，该索引表指出各个逻辑块号对应的物理块号。索引表是在文件创建时由系统自动建立的，并与文件一起存放在同一文件卷上。

（4）**参考答案 A**

试题解析　常用的网络协议包括局域网协议（Local Area Network，LAN）、广域网协议（Wide Area Network，WAN）、无线网协议和移动网协议。

（5）**参考答案 C**

试题解析　当前开发大型应用软件通常采用基于架构和构件的技术，在分布式系统中，需要集成各节点上的不同系统平台上的构件或新老版本的构件，由此产生了跨平台和架构的中间件，其中包括 CORBA、JavaBeans、COM+等。

2.3 嵌入式系统及软件

- 一般嵌入式系统由嵌入式处理器、___(1)___以及应用软件组成。
  - (1) A. 相关支撑硬件、嵌入式操作系统、支撑软件
    - B. 嵌入式操作系统、嵌入式开发工具、支撑软件
    - C. 嵌入式主板、嵌入式存储、小型机箱
    - D. 相关支撑硬件、驱动程序、嵌入式操作系统
- 嵌入式系统的特性不包括___(2)___。
  - (2) A. 专用性强　　　　　　　　　B. 技术融合
    - C. 硬件为主　　　　　　　　　D. 比通用计算机资源少
- 下列关于嵌入式系统的描述中，正确的是___(3)___。
  - (3) A. 嵌入式系统只对系统内部的传感器进行管理与控制
    - B. 嵌入式系统根据用途可以分为嵌入式实时系统和嵌入式非实时系统
    - C. 嵌入式实时系统仅包括强实时系统，不包括弱实时系统
    - D. 实时系统的时间约束条件对系统功能的正确性没有影响
- 下列关于安全攸关系统的描述，不正确的是___(4)___。
  - (4) A. 系统的不正确功能可能导致人员伤亡
    - B. 也称安全生命关键系统
    - C. 不涉及网络安全问题
    - D. 系统失效可能导致财产损失
- 嵌入式系统的最大特点是___(5)___。
  - (5) A. 开发环境与运行环境集成　　　B. 运行环境资源丰富
    - C. 开发环境与运行环境一致　　　D. 系统的运行和开发在不同环境中进行

答案及解析

(1) 参考答案 A

试题解析　一般嵌入式系统由嵌入式处理器、相关支撑硬件、嵌入式操作系统、支撑软件以及应用软件组成。

(2) 参考答案 C

试题解析　嵌入式系统应具备专用性强、技术融合、软硬一体但以软件为主、比通用计算机资源少、程序代码固化在非易失性存储器中、需专门开发工具和环境、对安全性和可靠性的要求高等特性。

(3) 参考答案 B

试题解析 嵌入式系统是一个嵌入于设备中,对设备的各种传感器进行管理与控制的系统。

根据不同用途可将嵌入式系统划分为嵌入式实时系统和嵌入式非实时系统两种,而实时系统又可分为强实时系统和弱实时系统。

嵌入式实时系统计算的正确性不仅取决于程序的逻辑正确性,也取决于结果产生的时间,如果时间约束条件得不到满足,将会发生系统错误。

(4) **参考答案** C

试题解析 安全攸关系统也称安全关键系统或者安全生命关键系统,是指其不正确的功能或者失效会导致人员伤亡、财产损失等严重后果的计算机系统。

(5) **参考答案** D

试题解析 嵌入式系统的最大特点是系统的运行和开发在不同环境中进行,通常将运行环境称为"目标机"环境、将开发环境称为"宿主机"环境。

2.4 计算机网络

- 计算机网络的功能不包括___(1)___。
  (1) A.数据通信　　　B.数据存储　　　C.资源共享　　　D.管理集中化
- 根据香农公式,当信道带宽 W 为 3000Hz,信噪比 S/N 为 30dB 时,最大数据速率 C 为___(2)___。
  (2) A.300b/s　　　　B.3kb/s　　　　C.30kb/s　　　　D.300kb/s
- 常见的局域网拓扑结构有星状结构、树状结构、___(3)___。
  (3) A.总线结构和环形结构　　　　B.总线结构和全相联结构
  　　C.环形结构和菊花链结构　　　D.菊花链结构和全相联结构
- 基本的网络设备不包括___(4)___。
  (4) A.中继器　　　　B.交换机　　　　C.路由器　　　　D.显示器
- 网络建设工程可分为___(5)___三个环节。
  (5) A.需求调研、网络规划和网络实施
  　　B.网络设计、网络实施和网络测试
  　　C.网络规划、网络设计和网络实施
  　　D.网络逻辑设计、网络物理设计和网络实施

答案及解析

(1) **参考答案** B

试题解析 计算机网络的功能包括数据通信、资源共享、管理集中化、实现分布式处理、负荷均衡等。

(2) **参考答案** C

试题解析 使用香农公式进行计算,首先需要将信噪比转换为比值形式。由于 30dB=$10\log_{10}(S/N)$,得出 S/N=1000。然后代入香农公式 $C=W\log_2(1+S/N)$=3000×$\log_2(1+1000)$≈30000b/s=30kb/s。

(3) **参考答案 A**

试题解析 常见的局域网拓扑结构有星状结构、树状结构、总线结构和环形结构。

(4) **参考答案 D**

试题解析 基本的网络设备有集线器、中继器、网桥、交换机、路由器和防火墙等。

(5) **参考答案 C**

试题解析 网络建设工程可分为网络规划、网络设计和网络实施三个环节。

2.5 计算机语言

- 计算机语言主要由一套指令组成,而这种指令一般包括___(1)___三大部分内容。
  - (1) A. 表达式、流程控制和集合　　　　B. 数据类型、函数和类
  　　　C. 变量、常量和运算符　　　　　　D. 语句、逻辑和算法
- 下列关于机器语言的指令描述,正确的是___(2)___。
  - (2) A. 操作码的长度与指令系统中的指令条数无关
  　　　B. 地址码直接给出操作数
  　　　C. 机器语言的指令只包含操作码
  　　　D. 地址码用于描述指令的操作对象
- 下列关于计算机高级语言的说法,正确的是___(3)___。
  - (3) A. 高级语言编写的程序可以直接在计算机硬件上执行
  　　　B. 高级语言更贴近于人类使用的语言
  　　　C. 高级语言比机器语言更难以学习和理解
  　　　D. 高级语言比机器语言移植困难
- UML 中有四种事物:结构事物、行为事物、分组事物和注释事物,其中类和用例属于___(4)___。
  - (4) A. 结构事物　　　B. 行为事物　　　C. 分组事物　　　D. 注释事物
- UML 中的五种视图中,___(5)___描述系统代码构件组织和实现模块及它们之间的依赖关系。
  - (5) A. 用例视图　　　B. 逻辑视图　　　C. 实现视图　　　D. 部署视图

答案及解析

(1) **参考答案 A**

试题解析 计算机语言主要由一套指令组成,而这种指令一般包括表达式、流程控制和集合三大部分内容。表达式用于表示或计算值;流程控制决定程序的执行顺序和条件;而集合则通常指的

是用于存储和组织数据的数据结构。

（2）**参考答案** D

试题解析 一条机器语言的指令包括两种信息即操作码和地址码。操作码用来表示该指令所要完成的操作，其长度取决于指令系统中的指令条数。地址码用于描述该指令的操作对象、直接给出操作数，或者指出操作数的存储器地址或寄存器地址。

（3）**参考答案** B

试题解析 高级语言比汇编语言更贴近于人类使用的语言，易于理解、记忆和使用。高级语言编写的程序不能直接在计算机硬件上执行，需要编译或解释后才能执行。高级语言与计算机的架构、指令集无关，因此它具有良好的可移植性。

（4）**参考答案** A

试题解析 结构事物是 UML 模型中的名词，通常是模型的静态部分，用于描述概念或物理元素。结构事物包括类、接口、协作、用例、主动类、构件、制品和节点。

（5）**参考答案** C

试题解析 实现视图描述系统代码构件组织和实现模块及它们之间的依赖关系，主要包括构件图。

2.6　多媒体

- 按照 ITU-T 的定义，键盘属于＿＿（1）＿＿。
  （1）A．感觉媒体　　　　B．表示媒体　　　　C．表现媒体　　　　D．传输媒体
- 多媒体的重要特征不包括＿＿（2）＿＿。
  （2）A．多维化　　　　　B．集成性　　　　　C．交互性　　　　　D．延时性
- 音频技术包括音频数字化、语音处理、语音合成及＿＿（3）＿＿四个方面。
  （3）A．语音编码　　　　　　　　　　　　　　B．语音识别
  　　　C．语音解码　　　　　　　　　　　　　　D．语音编解码
- 数据压缩的算法非常多，划分的类别不包括＿＿（4）＿＿。
  （4）A．手动压缩和自动压缩　　　　　　　　　B．即时压缩和非即时压缩
  　　　C．数据压缩和文件压缩　　　　　　　　　D．无损压缩和有损压缩
- VR/AR 技术不包括＿＿（5）＿＿。
  （5）A．桌面式　　　　　B．分布式　　　　　C．沉浸式　　　　　D．集成式

答案及解析

（1）**参考答案** C

试题解析 按照 ITU-T 的定义，媒体可分为：

感觉媒体，指用户接触信息的感觉形式，如视觉、听觉和触觉等。

表示媒体，指信息的表示形式，如 JPEG、WAV、MP4 等文件格式。

表现媒体，也称显示媒体，指表现和获取信息的物理设备，如键盘、鼠标、扫描仪等为输入媒体；显示器、打印机和音箱等为输出媒体。

存储媒体，指用于存储表示媒体的物理介质，如硬盘、光盘、U 盘等。

传输媒体，指传输表示媒体的物理介质，如网线、光纤和蓝牙等。

（2）**参考答案 D**

试题解析 多媒体有四个重要的特征，包括多维化、集成性、交互性和实时性。实时性是指多媒体技术中涉及的一些媒体如音频和视频信息具有很强的时间特性。

（3）**参考答案 B**

试题解析 音频技术包括音频数字化、语音处理、语音合成及语音识别四个方面。音频数字化即语音编码。语音识别和语音合成技术能提供一个友好的人机交互手段。

（4）**参考答案 A**

试题解析 数据压缩的算法非常多，划分的类别主要包括：

即时压缩和非即时压缩：即时/非即时压缩的区别在于信息是在传输过程中被压缩还是信息压缩后再传输。

数据压缩和文件压缩：数据压缩是指一些具有时间性的数据，即时采集、即时处理或传输；而文件压缩是指对物理介质中的文件进行压缩。

无损压缩和有损压缩：无损压缩是利用数据的统计冗余进行压缩，能完全复原；而有损压缩是利用了人类对某些成分不敏感的特性，允许压缩的过程中损失一定的信息，因此不能完全复原。

（5）**参考答案 D**

试题解析 VR/AR 技术主要分为桌面式、分布式、沉浸式和增强式四种。增强式 VR 即增强现实 AR，是一种将虚拟信息与真实世界巧妙融合的技术，用户无须脱离真实世界即可获得额外的感知信息。

2.7 系统工程

- 霍尔三维结构是系统工程领域的重要方法论，把系统工程划分为___（1）___。

    （1）A．时间维、逻辑维、空间维　　　　B．时间维、空间维、知识维

    　　C．时间维、逻辑维、知识维　　　　D．空间维、逻辑维、知识维

- 系统工程流程的七个一般生命周期阶段的正确顺序是___（2）___。

    （2）A．探索性研究阶段→概念阶段→开发阶段→生产阶段→使用阶段→退役阶段→保障阶段

    　　B．概念阶段→探索性研究阶段→开发阶段→生产阶段→使用阶段→保障阶段→退役阶段

    　　C．探索性研究阶段→概念阶段→开发阶段→生产阶段→使用阶段→保障阶段→退役阶段

D．概念阶段→探索性研究阶段→生产阶段→开发阶段→使用阶段→保障阶段→退役阶段
- 下列关于渐进迭代式开发方法的描述，不正确的是＿＿（3）＿＿。
  （3）A．IID 适用于大型复杂的系统项目
  　　　B．IID 的目标在于快速产生价值并提供快速响应能力
  　　　C．IID 方法适用于需求不清晰或不确定的项目
  　　　D．IID 基于一系列的假设来开发候选系统，然后进行评估和调整
- 基于模型的系统工程 MBSE 的支柱不包括＿＿（4）＿＿。
  （4）A．建模语言　　B．建模成本　　C．建模工具　　D．建模思路

答案及解析

（1）**参考答案 C**

试题解析　霍尔三维结构是由美国系统工程专家霍尔于 1969 年提出的一种系统工程方法论，它将系统工程的全部过程按性质分为由时间维、逻辑维和知识维组成的立体空间结构。

（2）**参考答案 C**

试题解析　系统工程流程的七个一般生命周期阶段顺序为：①探索性研究阶段：识别利益攸关者需求和技术创意；②概念阶段：详细研究概念并提出解决方案；③开发阶段：细化系统需求、构建并验证系统；④生产阶段：系统被生产或制造；⑤使用阶段：系统在此阶段运行以满足用户需求；⑥保障阶段：为系统提供服务以使其能持续运行；⑦退役阶段：当系统不再需要时，进入该阶段，系统及其相关服务从运行中移除。

（3）**参考答案 A**

试题解析　渐进迭代式开发（Iterative and Incremental Development，IID）方法一般适用于较小的、不太复杂的系统，这种方法的重点在于灵活性，通过剪裁突出产品开发的核心活动。

（4）**参考答案 B**

试题解析　基于模型的系统工程（Model-Based Systems Engineering，MBSE）的三大支柱分别是建模语言、建模工具和建模思路。

2.8 系统性能

- 评价计算机的性能指标不包括＿＿（1）＿＿。
  （1）A．时钟频率　　　　　　　　B．运算速度
  　　　C．运算精度　　　　　　　　D．文章录入速度
- 数据库管理系统的性能指标包括＿＿（2）＿＿等。
  （2）A．最大并发事务处理能力、负载均衡能力和最大连接数
  　　　B．最大并发事务处理能力、可靠性和移植性

C．最大连接数、缓冲区大小和协议支持
D．负载均衡能力、系统响应时间和响应延迟

- 信息系统的性能评价指标是客观评价信息系统性能的依据，其中，__（3）__是指系统在单位时间内处理的请求数量。

（3）A．系统响应时间　　　　　　　B．资源利用率
　　 C．吞吐率　　　　　　　　　　D．并发用户数

- 对于应用系统，性能调整不包括__（4）__。

（4）A．可用性　　　　　　　　　　B．日志文件大小
　　 C．响应时间　　　　　　　　　D．并发用户数

答案及解析

（1）参考答案 D

试题解析　评价计算机的主要性能指标有时钟频率（主频）、运算速度、运算精度、内存的存储容量、存储器的存取周期、数据处理速率等，文章录入速度取决于人工处理的速度，因此不是计算机的性能指标。

（2）参考答案 A

试题解析　衡量数据库管理系统的主要性能指标包括数据库本身和管理系统两部分，有数据库的大小、数据库中表的数量、单个表的大小、表中允许的记录（行）数量、单个记录（行）的大小、表上所允许的索引数量、数据库所允许的索引数量、最大并发事务处理能力、负载均衡能力、最大连接数等。

（3）参考答案 C

试题解析　系统响应时间指从开始一个请求到最后响应所花费的总体时间。
资源利用率指硬件（如 CPU、内存、带宽等）资源的使用率。
吞吐率指系统在单位时间内处理的请求数量。
并发用户数指系统同时能处理的请求数量。

（4）参考答案 B

试题解析　对于应用系统，性能调整主要包括可用性、响应时间、并发用户数以及特定应用的系统资源占用等。

第3章 信息系统基础知识

3.1 信息系统概述

- 信息系统的任务是对原始数据进行___(1)___并处理进而产生各种所需信息，以不同的方式提供给各类用户使用。
  - (1) A. 收集、加工、存储　　　　　　B. 采集、转换、加载
  　　　C. 编码、计算、储存　　　　　　D. 加工、统计、展示
- 1979年，诺兰将计算机信息系统的发展道路划分为六个阶段，以下顺序正确的是___(2)___。
  - (2) A. 初始阶段、控制阶段、传播阶段、数据管理阶段、集成阶段、成熟阶段
  　　　B. 初始阶段、传播阶段、数据管理阶段、控制阶段、集成阶段、成熟阶段
  　　　C. 初始阶段、传播阶段、控制阶段、集成阶段、数据管理阶段、成熟阶段
  　　　D. 初始阶段、传播阶段、控制阶段、数据管理阶段、成熟阶段、集成阶段
- 从信息系统的发展和系统特点来看，传统的信息系统不包括___(3)___。
  - (3) A. 业务（数据）处理系统　　　　B. 嵌入式操作系统
  　　　C. 决策支持系统　　　　　　　　D. 办公自动化系统
- 系统验收阶段属于信息系统的生命周期的___(4)___。
  - (4) A. 产生阶段　　　　　　　　　　B. 开发阶段
  　　　C. 运行阶段　　　　　　　　　　D. 消亡阶段
- 信息系统开发的常用原则不包括___(5)___。
  - (5) A. 高层管理人员介入原则　　　　B. 用户参与开发原则
  　　　C. 自顶向下规划原则　　　　　　D. 随时修改原则

答案及解析

（1）**参考答案** A

试题解析 信息系统的任务是对原始数据进行收集、加工、存储并处理进而产生各种所需信息，以不同的方式提供给各类用户使用。

（2）**参考答案** C

试题解析 1979 年，诺兰将计算机信息系统的发展道路划分为六个阶段，即初始阶段、传播阶段、控制阶段、集成阶段、数据管理阶段和成熟阶段。

（3）**参考答案** B

试题解析 从信息系统的发展和系统特点来看，传统的信息系统可划分为业务（数据）处理系统、管理信息系统、决策支持系统、专家系统和办公自动化系统五类。这五类信息系统经历了一个从低级到高级、从局部到全局、从简单到复杂的过程。

（4）**参考答案** B

试题解析 一般来说，信息系统的生命周期分为产生阶段、开发阶段、运行阶段和消亡阶段。信息系统的开发阶段是系统生命周期中最重要和关键的阶段。该阶段又可分为总体规划、系统分析、系统设计、系统实施和系统验收阶段。

（5）**参考答案** D

试题解析 信息系统开发的常用原则包括高层管理人员介入原则、用户参与开发原则、自顶向下规划原则、工程化原则和其他原则（如创新性原则、整体性原则、发展性原则、经济性原则等）。

3.2 业务处理系统

- 服务于组织管理层次中最低层、最基础的信息系统是___（1）___。

  （1）A．MIS　　　　　　B．TPS　　　　　　C．DSS　　　　　　D．OAS

- TPS 中常见的数据处理方式包括___（2）___。

  （2）A．批处理和联机事务处理　　　　　B．联机分析处理和联机事务处理
  　　 C．数据挖掘和数据分析　　　　　　D．批处理和管道-过滤器

- TPS 对数据库的基本访问形式一般包括___（3）___。

  （3）A．直接读写、间接读写　　　　　　B．本地读写、远程读写
  　　 C．在线读写、离线读写　　　　　　D．检索、修改、存入和删除

- 下列关于 TPS 的说法，正确的是___（4）___。

  （4）A．TPS 的重要性很低
  　　 B．TPS 一般需要从头定制开发
  　　 C．企业在推进全面信息化的过程中往往从 TPS 入手
  　　 D．TPS 性能的好坏与企业竞争力无关

答案及解析

（1）**参考答案** B

试题解析 业务处理系统（Transaction Processing Systems，TPS）是服务于组织管理层次中最低层、最基础的信息系统，通常是一种分离式单独处理某一项具体事务的系统，如工资管理系统。

（2）**参考答案** A

试题解析 TPS 中常见的数据处理方式有批处理和联机事务处理两种方式。

批处理方式将数据累积到一定程度再一起处理，每次处理间隔期间产生的增量数据，如每天的报表生成或者日志处理。

联机事务处理方式又称实时处理，即实时响应每一条业务数据，并立即返回结果，如用户在线购物。

（3）**参考答案** D

试题解析 TPS 对数据库的访问形式基本有四种：检索、修改、存入和删除。

（4）**参考答案** C

试题解析 业务处理系统（TPS）是信息系统发展的最初级形式，但并不意味着 TPS 不重要。实际上，企业在推进全面信息化的过程中往往先从开发 TPS 入手。由于 TPS 支持的是企业的日常业务管理，因此 TPS 一旦出现故障，就有可能导致企业的正常运作发生紊乱。同时，许多 TPS 处于企业系统与上下游的边界，因此，TPS 性能的好坏将是直接影响企业市场竞争力的重要因素。

由于行业事务处理的相似性，使得很多的 TPS 都已商品化，所以，许多企业可直接购买现成的 TPS，只需要再进行一些简单的二次开发就能投入使用，避免了低水平的重复开发工作。

3.3 管理信息系统

- 从概念出发，管理信息系统由四大部件组成，即___(1)___。
  - (1) A. 信息源、信息处理器、信息用户、信息管理者
    - B. 数据源、数据处理器、数据用户、数据监控者
    - C. 信息源、数据存储、信息用户、信息维护者
    - D. 数据源、数据处理器、数据消费者、数据监控者
- 下列关于管理信息系统的结构的说法，错误的是___(2)___。
  - (2) A. 开环结构不根据外部信息情况改变决策
    - B. 闭环结构在决策过程中不收集信息
    - C. 实时处理的系统均属于闭环系统
    - D. 批处理系统均属于开环系统

- 下列关于管理信息系统的功能的说法，错误的是___(3)___。
  - (3) A. 职能的完成往往是通过"过程"实现
    - B. 过程是逻辑上相关活动的集合
    - C. 管理信息系统的功能结构常表示成功能-过程结构
    - D. 一个管理信息系统各种功能之间没有联系
- 一个管理系统的组成可用一个___(4)___表示。
  - (4) A. 需求跟踪矩阵　　　　　　　　B. 邻接矩阵和可达矩阵
    - C. 功能/层次矩阵　　　　　　　　D. 访问控制矩阵

答案及解析

（1）参考答案 A

试题解析　从管理信息系统（Management Information System，MIS）的概念出发，管理信息系统由四大部件组成，即信息源、信息处理器、信息用户和信息管理者。

（2）参考答案 B

试题解析　管理信息系统根据各部件之间的联系可分为开环和闭环两种结构。开环结构在执行一个决策的过程中不收集外部信息，不会根据外部信息情况改变决策，直至产生本次决策的结果。闭环结构在决策过程中会不断收集信息，不断发送给决策者，不断调整决策。事实上最后执行的决策很可能已不是当初设想的决策。

实时处理的系统均属于闭环系统，而批处理系统均属于开环系统。

（3）参考答案 D

试题解析　一个管理信息系统从使用者的角度看总是有一个目标和多种功能,各种功能之间有各种信息联系，构成一个彼此有机结合的整体，形成一个功能结构。

管理信息系统职能的完成往往是通过"过程"实现，过程是逻辑上相关活动的集合，因而常把管理信息系统的功能结构表示成功能-过程结构。

（4）参考答案 C

试题解析　一个管理系统可用一个功能/层次矩阵表示，每一列代表一种管理功能，每一行表示一个管理层次，行列交叉表示每一种系统功能与管理层次的关联。

3.4　决策支持系统

- 决策支持系统的基本结构形式是___(1)___。
  - (1) A. 单库结构和基于规则的结构　　　B. 两库结构和基于模型的结构
    - C. 两库结构和基于知识的结构　　　D. 三库结构和基于算法的结构

- DSS 的功能不包括___（2）___。
  - （2）A．提供与决策问题有关的各种数据　　B．存储和管理与决策有关的外部信息
  　　　　C．提供决策问题的直接解决方案　　　D．支持用户对数据进行查询和图形输出
- 决策支持系统的作用是___（3）___。
  - （3）A．辅助和支持决策者　　　　　　　　B．取代人做出决策
  　　　　C．提供标准答案　　　　　　　　　　D．提供预先规定的决策顺序
- 在决策支持系统中获得正确的数据并用理想的形式操作这些数据有时是非常困难的，这个问题可以通过___（4）___解决。
  - （4）A．ETL　　　　　　　　　　　　　　　B．数据仓库
  　　　　C．数据缓存　　　　　　　　　　　　D．数据展示

答案及解析

（1）**参考答案 C**

试题解析　不同功能特色的决策支持系统（Decision-making Support System，DSS）结构也不相同，DSS 的两种基本结构形式是两库结构和基于知识的结构，实际的 DSS 由这两种基本结构通过变形、分解或增加某些部件演变而来。

（2）**参考答案 C**

试题解析　除了不能提供决策问题的直接解决方案以外，决策支持系统的功能很多，包括但不限于：

整理和提供本系统与决策问题有关的各种数据。

尽可能地收集、存储并及时提供与决策有关的外部信息。

具有人-机对话接口和图形加工、输出功能，可以对所需要的数据进行查询并输出相应的图形。

（3）**参考答案 A**

试题解析　决策支持系统的作用是辅助和支持决策者。由于决策过程存在很多复杂性，因此系统不能取代人而做出决策。在整个决策过程中，系统不可能也不应该提供标准答案，也不应该给决策者强加预先规定的决策顺序。

（4）**参考答案 B**

试题解析　在决策支持系统中获得正确的数据并用理想的形式操作这些数据有时是非常困难的，这个问题可以通过数据仓库的概念解决。

3.5　专家系统

- 专家系统的能力来自于它所拥有的___（1）___。
  - （1）A．特殊算法　　　B．专家知识　　　C．数据仓库　　　D．程序逻辑

- 专家系统由___(2)___要素组成，分别对应数据级、知识库级和控制级三级知识。
  - (2) A．人机交互界面、数据库、推理机
    - B．数据库、知识库、解释器
    - C．综合数据库、知识库、推理机
    - D．知识库、人机交互界面、知识获取
- 下列关于人工智能和专家系统的关系的说法，正确的是___(3)___。
  - (3) A．人工智能包含专家系统
    - B．专家系统包含人工智能
    - C．专家系统与人工智能没有交集
    - D．专家系统与人工智能是同义词
- 专家系统的主要特点不包括___(4)___。
  - (4) A．超越时间限制　　　　　　　　B．操作成本低廉
    - C．易于传递与复制　　　　　　　D．处理手段灵活多变
- 下列关于知识库中的知识分类的说法，正确的是___(5)___。
  - (5) A．可分成事实性知识和创新性知识
    - B．可分成启发性知识和创新性知识
    - C．可分成事实性知识和启发性知识
    - D．可分成事实性知识、启发性知识和创新性知识

答案及解析

（1）**参考答案 B**

试题解析　专家系统的能力来自于它所拥有的专家知识，这种基于知识的系统设计是以知识库和推理机为中心而展开的。

（2）**参考答案 C**

试题解析　传统应用程序只有数据和程序两级结构。而专家系统由综合数据库、知识库、推理机三要素组成，分别对应数据级、知识库级和控制级三级知识。

（3）**参考答案 A**

试题解析　人工智能（Artificial Intelligence，AI）是一个极为广泛的领域，AI 的分支主要有专家系统、机器人技术、视觉系统、自然语言处理、学习系统和神经网络等。

（4）**参考答案 D**

试题解析　专家系统的主要特点包括超越时间限制、操作成本低廉、易于传递与复制、处理手段一致、善于克服难题、适用于特定领域等。

（5）**参考答案 C**

试题解析　一般来说，知识库中的知识可分成两类：事实性知识和启发性知识。

3.6 办公自动化系统

- 办公自动化系统的四大支柱是___(1)___。
  （1）A．计算机技术、通信技术、系统科学和行为科学
  　　　B．计算机技术、集成技术、数据采集和网络安全
  　　　C．通信技术、集成技术、数据处理和数据报表
  　　　D．过程处理、仓库管理、资产管理和公文处理
- 对信息流的控制管理是每个办公部门最本质的工作，支持这类办公活动的办公自动化系统称为___(2)___办公系统。
  （2）A．事务型　　　B．门户型　　　C．决策型　　　D．管理型
- 办公自动化系统的主要功能不包括___(3)___。
  （3）A．事务处理　　B．信息管理　　C．客户管理　　D．辅助决策
- 办公自动化系统的软件系统不包括___(4)___。
  （4）A．系统软件　　B．杀毒软件　　C．专用软件　　D．支持软件

答案及解析

（1）**参考答案 A**
试题解析　办公自动化系统是一个集文字、数据、语言、图像于一体的综合性、跨学科的人机信息处理系统，它的四大支柱是计算机技术、通信技术、系统科学和行为科学，其中以行为科学为主导，系统科学为理论基础，结合运用计算机技术和通信技术。

（2）**参考答案 D**
试题解析　对信息流的控制管理是每个办公部门最本质的工作，支持这类办公活动的办公自动化系统称为管理型办公系统。

（3）**参考答案 C**
试题解析　办公自动化系统的主要功能包括事务处理、信息管理和辅助决策。

（4）**参考答案 B**
试题解析　办公自动化系统的软件系统可分为系统软件，专用软件和支持软件三大类。

3.7 企业资源规划

- ERP中的企业资源包括___(1)___。
  （1）A．物流、资金流和信息流　　　　B．物流、工作流和信息流
  　　　C．物流、资金流和工作流　　　　D．资金流、工作流和信息流

- 在ERP系统中，___（2）___管理模块主要是对企业物料的进、出、存进行管理。
  - （2）A．库存　　　　　　　B．物料　　　　　　　C．采购　　　　　　　D．销售
- 当前主流的车间作业计划模式是___（3）___模式。
  - （3）A．大批量流水生产模式　　　　　　　B．库存驱动生产模式
  　　　C．JIT模式　　　　　　　　　　　　　D．预测性生产模式
- ERP系统的主要功能不包括___（4）___。
  - （4）A．支持决策　　　　　　　　　　　　B．提供有针对性的IT解决方案
  　　　C．全行业和跨行业的供应链　　　　　D．市场营销和客户服务

答案及解析

（1）**参考答案 A**

试题解析　企业的所有资源包括三大流：物流、资金流和信息流。而ERP也就是对这三种资源进行全面集成管理的管理信息系统。

（2）**参考答案 A**

试题解析　ERP系统主要包括：生产预测、销售管理、经营计划、主生产计划、物料需求计划、能力需求计划、车间作业计划、采购与库存管理、质量与设备管理、财务管理、有关扩展应用模块等内容。其中对企业物料的进、出、存进行管理的模块是库存管理模块。

（3）**参考答案 C**

试题解析　车间作业计划属于ERP执行层计划。当前主流的车间作业计划模式是准时制（Just In Time，JIT）模式。JIT模式的核心思想是根据实际需求进行生产，减少库存和浪费，以实现生产流程的高效化。

（4）**参考答案 D**

试题解析　ERP为企业提供的功能是多层面的和全方位的，主要功能如下。

支持决策：ERP把企业的制造系统、营销系统、财务系统等都紧密地结合在一起，从而有力地支持企业的各个层面上的决策。

为不同行业的企业提供有针对性的IT解决方案：ERP打破了MRP-Ⅱ局限在传统制造业的格局，把应用扩展到其他行业，并逐渐形成了针对于某种行业的IT解决方案。

全行业和跨行业的供应链：供应链的概念由狭义的企业内部业务流程扩展为广义的全行业供应链及跨行业的供应链，系统管理范围相应地由企业的内部拓展到整个行业的原材料供应、生产加工、配送环节、流通环节以及最终消费者。

3.8　典型信息系统架构模型

- 电子政务是对现有的政府形态的一种改造，利用信息技术和其他相关技术，将其管理和服务

职能进行集成，在网络上实现政府组织结构和工作流程优化重组。与电子政务相关的行为主体有三个，即政府、___(1)___及居民。

(1) A．部门 B．企（事）业单位
　　C．管理机构 D．行政机关

- 国家和地方人口信息的采集、处理和利用，属于___(2)___的电子政务活动。

(2) A．政府对政府 B．政府对居民
　　C．居民对居民 D．居民对政府

- 电子政务的主要应用模式中不包括___(3)___。

(3) A．政府对政府 B．政府对客户
　　C．政府对居民 D．政府对企业

- 企业信息化程度是国家信息化建设的基础和关键，企业信息化方法不包括___(4)___。

(4) A．业务流程重构 B．组织机构变革
　　C．供应链管理 D．人力资本投资

答案及解析

（1）参考答案 B

试题解析 电子政务是对现有的政府形态的一种改造，利用信息技术和其他相关技术，将其管理和服务职能进行集成，在网络上实现政府组织结构和工作流程优化重组。与电子政务相关的行为主体有三个，即政府、企（事）业单位及居民。

（2）参考答案 A

试题解析 国家和地方人口信息的采集、处理和利用，属于政府对政府的电子政务活动。

（3）参考答案 B

试题解析 电子政务是政府机构应用现代信息和通信技术，将管理和服务通过网络技术进行集成，在因特网上实现政府组织结构和工作流程的优化重组，超越时间和空间及部门之间的分隔限制，向社会提供优质和全方位的、规范而透明的、符合国际水准的管理与服务。电子政务的主要模式包括政府对政府（Government to Government，G2G）、政府对企业（Government to Business，G2B）、政府对居民（Government to Citizen，G2C）、企业对政府（Business to Government，B2G）、消费者对政府（Consumer to Government，C2G），但不包括政府对客户（Government To Customer）。

（4）参考答案 B

试题解析 企业信息化就是企业利用现代信息技术，通过信息资源的深入开发和广泛利用，实现企业生产过程的自动化、管理方式的网络化、决策支持的智能化和商务运营的电子化，不断提高生产、经营、管理、决策的效率和水平，进而提高企业经济效益和企业竞争力的过程。企业信息化方法主要包括业务流程重构方法、核心业务应用方法、信息系统建设方法、主题数据库方法、资源管理方法、人力资本投资方法。供应链管理属于资源管理方法的一种。

第4章 信息安全技术基础知识

4.1 信息安全基础知识

- 信息安全的基本要素不包括___(1)___。
  (1) A. 机密性　　　　B. 完整性　　　　C. 可用性　　　　D. 可观测性
- ___(2)___不属于信息安全的范围。
  (2) A. 设备安全　　　B. 数据安全　　　C. 内容安全　　　D. 人员健康
- ___(3)___就是破坏系统的可用性。
  (3) A. 跨站脚本（XSS）攻击　　　　B. 拒绝服务（DoS）攻击
  　　C. 跨站请求伪造（CSRF）攻击　　D. 缓冲区溢出攻击
- 以下不属于信息存储安全的是___(4)___。
  (4) A. 信息使用的安全　　　　　　　B. 计算机病毒防治
  　　C. 网站 CA 证书　　　　　　　　D. 数据的加密和防止非法的攻击
- ___(5)___不属于网络安全措施的目标。
  (5) A. 备份数据　　　B. 认证　　　　　C. 完整性　　　　D. 访问控制

答案及解析

（1）**参考答案 D**

试题解析 信息安全的基本要素包括：

机密性：确保信息不暴露给未授权的实体或进程。

完整性：只有得到允许的人才能修改数据，并且能够判别出数据是否已被篡改。

可用性：得到授权的实体在需要时可访问数据，攻击者不能占用所有的资源而阻碍授权者的工作。

可控性：可以控制授权范围内的信息流向及行为方式。

可审查性：对出现的信息安全问题提供调查的依据和手段。

（2）**参考答案 D**

试题解析 信息安全的范围包括设备安全、数据安全、内容安全和行为安全。

（3）**参考答案 B**

试题解析 跨站脚本（Cross Site Scripting，XSS）攻击：恶意攻击者往 Web 页面里插入恶意 html 代码，当用户浏览该页面时，嵌入 Web 中的 html 代码会被执行，从而实现劫持浏览器会话、强制弹出广告页面、网络钓鱼、删除网站内容、窃取用户 Cookies 资料、繁殖 XSS 蠕虫、实施 DDoS 攻击等目的。

拒绝服务（Denial of Service，DoS）：利用大量合法的请求占用大量网络资源，以达到瘫痪网络的目的。受到 DoS 攻击的系统，其可用性大大降低。

跨站请求伪造（Cross-Site Request Forgery，CSRF）：是一种挟制、欺骗用户在当前已登录的 Web 应用程序上执行非本意的操作的攻击。

缓冲区溢出攻击：利用缓冲区溢出漏洞，从而控制主机，进行攻击。

（4）**参考答案 C**

试题解析 信息存储安全的范围包括：信息使用的安全、系统安全监控、计算机病毒防治、数据的加密和防止非法的攻击等。

（5）**参考答案 A**

试题解析 虽然备份数据是数据保护的一个重要方面，但它通常不被视为网络安全的主要安全措施之一。网络安全措施的目标通常包括访问控制、认证、完整性、审计和保密等。

4.2 信息安全系统的组成框架

- 在信息系统安全系统框架中，＿＿（1）＿＿不是其主要部分。

  （1）A．技术体系　　　　　　　　B．组织机构体系

  　　C．管理体系　　　　　　　　D．运营体系

- 从技术体系看，信息安全系统涉及多方面技术，其中密码芯片属于＿＿（2）＿＿。

  （2）A．基础安全设备　　　　　　B．终端设备安全

  　　C．操作系统安全　　　　　　D．计算机网络安全

- 在信息系统安全的组织机构体系中，＿＿（3）＿＿主要负责执行具体的安全任务。

  （3）A．决策层　　　B．管理层　　　C．执行层　　　D．监督层

- 信息系统安全的管理体系不包括＿＿（4）＿＿。

  （4）A．财务管理　　B．法律管理　　C．制度管理　　D．培训管理

答案及解析

（1）**参考答案** D
试题解析 信息系统安全系统框架通常由技术体系、组织机构体系和管理体系共同构建。

（2）**参考答案** A
试题解析 技术体系涉及基础安全设备、计算机网络安全、操作系统安全、数据库安全、终端设备安全等多方面技术，其中基础安全设备包括密码芯片、加密卡、身份识别卡等。

（3）**参考答案** C
试题解析 组织机构体系是信息系统安全的组织保障系统，分为三个层次：决策层、管理层和执行层，其中执行层负责执行具体的安全任务。

（4）**参考答案** A
试题解析 信息系统安全的管理体系由法律管理、制度管理和培训管理三个部分组成。

4.3 信息加解密技术

- DES 加密算法的密钥长度为 56 位，三重 DES 的密钥长度为___（1）___位。
  （1）A．168　　　　　B．128　　　　　C．112　　　　　D．56
- 非对称加密算法中，加密和解密使用不同的密钥，下面的加密算法中___（2）___属于非对称加密算法。
  （2）A．AES　　　　　B．RSA　　　　　C．IDEA　　　　　D．DES
- 若甲、乙采用非对称密钥体系进行保密通信，甲用乙的公钥加密数据文件，乙使用___（3）___来对数据文件进行解密。
  （3）A．甲的公钥　　　B．甲的私钥　　　C．乙的公钥　　　D．乙的私钥
- RSA 加密算法的安全性基于___（4）___原理。
  （4）A．大素数分解的困难性　　　　　　B．椭圆曲线离散对数问题
  　　C．哈希函数的不可逆性　　　　　　D．置换和置换组合

答案及解析

（1）**参考答案** C
试题解析 三重 DES 采用两组 56 位的密钥 K1 和 K2，通过"K1 加密—K2 解密—K1 加密"的过程，两组密钥加起来的长度是 112 位。

（2）**参考答案** B
试题解析 加密密钥和解密密钥不相同的算法，称为非对称加密算法，这种方式又称为公钥密

码体制。常见的非对称加密算法有 RSA 等。

（3）**参考答案** D

试题解析 若甲、乙采用非对称密钥体系进行保密通信，甲用乙的公钥加密数据文件，乙使用乙的私钥来对数据文件进行解密。如果甲用自己的私钥加密，乙用甲的公钥也能解密，但是由于甲的公钥是公开的，任何人都能够解密，这样就失去了保密性。

（4）**参考答案** A

试题解析 RSA 加密算法是一种国际通用的公钥加密算法，其安全性基于大素数分解的困难性原理，密钥的长度可以选择，但目前安全的密钥长度已经高达 2048 位。RSA 的计算速度比同样安全级别的对称加密算法慢 1000 倍左右。

4.4 密钥管理技术

- 控制密钥的安全性主要有___（1）___技术。
  - （1）A．密钥标签和控制矢量　　　　B．密钥标签和算法标签
  　　　C．控制矢量和人工智能　　　　D．CA 和区块链
- 密钥的分配发送方式不包括___（2）___。
  - （2）A．物理方式　　　　　　　　　B．加密方式
  　　　C．明文方式　　　　　　　　　D．第三方加密方式
- 公钥加密体制的密钥管理不包括___（3）___。
  - （3）A．直接公开发布　　　　　　　B．加密信件
  　　　C．公用目录表　　　　　　　　D．公钥证书
- 公钥证书可以由___（4）___颁发和管理。
  - （4）A．个人　　　　　　　　　　　B．KDC
  　　　C．公钥管理机构　　　　　　　D．CA

答案及解析

（1）**参考答案** A

试题解析 控制密钥的安全性主要有密钥标签和控制矢量两种技术。
密钥标签技术具有标识明确、方便管理的优点，但是须经解密方能使用，带来了一定的不便性。
控制矢量技术具有灵活和可扩展的优点，但增加了系统的复杂性和开发难度。

（2）**参考答案** C

试题解析 密钥的分配发送有物理方式、加密方式和第三方加密方式，该第三方即密钥分配中心（Key Distribution Center，KDC）。

（3）**参考答案** B

试题解析 公钥加密体制的密钥管理包括直接公开发布（如 PGP）、公用目录表、公钥管理机构和公钥证书四种方式。

（4）**参考答案** D

试题解析 公钥证书中的数据项有与该用户的密钥相匹配的公钥及用户的身份和时间戳等，公钥证书由证书管理机构（Certificate Authority，CA）颁发和管理。

4.5 访问控制及数字签名技术

- 访问控制技术的要素不包括___（1）___。

  （1）A．主体　　　　　B．客体　　　　　C．控制策略　　　　D．访问记录

- 在访问控制中，审计的主要目的是___（2）___。

  （2）A．验证用户身份　　　　　　　　　B．防止滥用权力
  　　　C．实现控制策略　　　　　　　　　D．监控网络流量

- 在访问控制实现技术中，___（3）___按列（即客体）保存访问矩阵。

  （3）A．访问控制矩阵
  　　　B．访问控制表
  　　　C．能力表
  　　　D．授权关系表

- 数字签名技术中，___（4）___条件不是必须的。

  （4）A．可信　　　　　B．不可伪造　　　　C．不可改变　　　　D．易于伪造

- 在数字签名技术的实际应用中，通常先对文件做摘要再对摘要签名的原因是___（5）___。

  （5）A．为了提高数字签名速度　　　　　B．为了保护文件内容
  　　　C．为了验证文件完整性　　　　　　D．为了降低存储成本

答案及解析

（1）**参考答案** D

试题解析 访问控制技术包括三个要素，即主体、客体和控制策略。
主体是可以对其他实体施加动作的主动实体，例如用户或者被授权使用计算机的人员。
客体是接受其他实体访问的被动实体，包括所有可以被操作的信息、资源、对象。
控制策略是主体对客体的操作行为集和约束条件集，它直接定义了主体可以对客体执行的操作行为以及客体对主体的约束条件。

（2）**参考答案** B

试题解析 访问控制包括认证、控制策略实现和审计三方面的内容。审计的目的是防止滥用权力。

（3）**参考答案** B

试题解析 在访问控制实现技术中，访问控制表（Access Control Lists，ACL）按列（即客体）保存访问矩阵，是目前最流行、使用最多的访问控制实现技术。

（4）**参考答案** D

试题解析 数字签名的条件包括可信、不可伪造、不可重用、不可改变和不可抵赖。

（5）**参考答案** A

试题解析 实际应用时先对文件做摘要，再对摘要签名，这样可以大大提升数字签名的速度，因为摘要通常比原文件小得多。

4.6 信息安全的抗攻击技术

- 密钥在概念上被分成___（1）___。
  （1）A．数据加密密钥（DK）和密钥加密密钥（KK）
  　　B．公开密钥（PK）和私有密钥（SK）
  　　C．对称密钥（SK）和非对称密钥（PK）
  　　D．加密密钥（EK）和解密密钥（DK）
- 加密的安全性主要取决于加密的___（2）___。
  （2）A．算法　　　　B．密钥　　　　C．速度　　　　D．硬件
- DoS 攻击的传统分类不包括___（3）___。
  （3）A．消耗资源　　　　　　　　B．破坏或更改配置信息
  　　C．监听嗅探网络信息　　　　D．物理破坏或改变网络部件
- ___（4）___不属于 DoS 的防御措施。
  （4）A．特征识别　　　　　　　　B．防火墙
  　　C．通信数据量的统计　　　　D．端口扫描
- ___（5）___不是针对 TCP/IP 堆栈的攻击方式。
  （5）A．同步包风暴　　　　　　　B．ICMP 攻击
  　　C．SNMP 攻击　　　　　　　D．ARP 欺骗

答案及解析

（1）**参考答案** A

试题解析 密钥在概念上被分为数据加密密钥（DK）和密钥加密密钥（KK）两大类，其中后者用于保护密钥。

（2）**参考答案** B

试题解析 加密的算法通常是公开的，加密的安全性主要取决于密钥。

（3）**参考答案** C

试题解析 传统拒绝服务攻击的分类有消耗资源、破坏或更改配置信息、物理破坏或改变网络部件、利用服务程序中的处理错误使服务失效四种模式。

（4）**参考答案** D

试题解析 DoS 的防御措施包括特征识别、防火墙、通信数据量的统计、修正问题和漏洞等方法。而端口扫描是入侵者搜集信息的手段，不属于 DoS 的防御措施。

（5）**参考答案** D

试题解析 同步包风暴（SYN Flooding）、ICMP 攻击和 SNMP 攻击都是针对 TCP/IP 堆栈的攻击方式。而 ARP 欺骗是针对 ARP 协议的欺骗，不是直接针对 TCP/IP 堆栈的。

4.7 信息安全的保障体系与评估方法

- 根据《计算机信息系统 安全保护等级划分准则》（GB 17859—1999），___（1）___ 对应 TCSEC 的 B2 级。

  （1）A. 用户自主保护级　　　　　　　　B. 系统审计保护级
  　　C. 安全标记保护级　　　　　　　　D. 结构化保护级

- ___（2）___ 通过数字信号处理方法，在数字化的媒体文件中嵌入特定的标记。

  （2）A. 数据泄密（泄露）防护　　　　　B. 数字水印
  　　C. SSL 协议　　　　　　　　　　　D. PGP 加密软件

- ___（3）___ 是介于应用层和 TCP 层之间的安全通信协议。

  （3）A. DLP　　　　　　　　　　　　　B. SSL
  　　C. PGP　　　　　　　　　　　　　D. IPSec

- 在信息系统的安全风险中，___（4）___ 是风险评估的基本要素。

  （4）A. 信息安全策略　　　　　　　　　B. 信息系统架构
  　　C. 脆弱性　　　　　　　　　　　　D. 安全威胁应对措施

答案及解析

（1）**参考答案** D

试题解析 《计算机信息系统 安全保护等级划分准则》（GB 17859—1999）规定了计算机系统安全保护能力的 5 个等级。

第 1 级：用户自主保护级（对应 TCSEC 的 C1 级）；
第 2 级：系统审计保护级（对应 TCSEC 的 C2 级）；
第 3 级：安全标记保护级（对应 TCSEC 的 B1 级）；
第 4 级：结构化保护级（对应 TCSEC 的 B2 级）；

第 5 级：访问验证保护级（对应 TCSEC 的 B3 级）。

（2）**参考答案** B

试题解析 数字水印（Digital Watermark）是指通过数字信号处理方法，在数字化的媒体文件中嵌入特定的标记。数字水印分为可感知的和不易感知的两种。

（3）**参考答案** B

试题解析 安全套接层（Secure Sockets Layer，SSL）协议是介于应用层和 TCP 层之间的安全通信协议，提供保密性通信、点对点身份认证、可靠性通信三种安全通信服务。

（4）**参考答案** C

试题解析 风险评估的基本要素包括脆弱性、资产、威胁、风险和安全措施。题目选项中只有 C 选项"脆弱性"是风险评估的基本要素。

第5章 软件工程基础知识

5.1 软件工程

- Barry Boehm 对软件工程的定义是___(1)___。

  (1) A. 运用现代科学技术知识来设计并构造计算机程序及为开发、运行和维护这些程序所必需的相关文件资料

  B. 将系统化的、严格约束的、可量化的方法应用于软件的开发、运行和维护,即将工程化应用于软件

  C. 建立并使用完善的工程化原则,以较经济的手段获得能在实际机器上有效运行的可靠软件的一系列方法

  D. 应用计算机科学、数学、逻辑学及管理科学等原理,开发软件的工程

- 软件工程过程包括以下___(2)___方面。

  (2) A. 需求分析、设计、开发、测试　　B. 计划、执行、检查、行动

  C. 需求分析、设计、开发、维护　　D. 计划、开发、验证、维护

- 瀑布模型的主要缺点不包括___(3)___。

  (3) A. 软件需求的完整性、正确性难以确定

  B. 瀑布模型是一个严格串行化的过程模型

  C. 用户和项目负责人需要长时间才能看到软件系统

  D. 瀑布模型可以灵活应对需求变更

- 原型模型的两个主要阶段是___(4)___。

  (4) A. 原型开发阶段和目标软件开发阶段　　B. 需求分析阶段和系统设计阶段

  C. 系统开发阶段和系统测试阶段　　D. 需求分析阶段和编码实现阶段

- 螺旋模型是以下___(5)___模型的结合。
  - （5）A．瀑布模型和敏捷模型　　　　　B．生命周期模型和原型模型
  　　　C．V模型和迭代模型　　　　　　D．瀑布模型和迭代模型
- 敏捷方法的核心思想不包括___(6)___。
  - （6）A．敏捷方法是适应型而非可预测型　B．敏捷方法是以人为本而非以过程为本
  　　　C．敏捷方法强调严格的文档和计划　D．敏捷方法采用迭代增量式开发过程
- 敏捷方法提出的背景是___(7)___。
  - （7）A．面向对象编程的兴起和互联网泡沫的影响
  　　　B．瀑布模型的局限性
  　　　C．软件危机的出现
  　　　D．软件开发工具的进步
- 极限编程的基础和价值观不包括___(8)___。
  - （8）A．加强交流　　　B．从简单做起　　　C．寻求反馈　　　D．强调文档化
- Scrum方法中使用___(9)___来管理产品的需求。
  - （9）A．产品Backlog　　　　　　　　B．Sprint Backlog
  　　　C．特征列表　　　　　　　　　　D．用户故事
- 特征驱动开发方法的三个要素不包括___(10)___。
  - （10）A．人　　　B．过程　　　C．技术　　　D．预算
- RUP的软件开发生命周期是一个二维的软件开发模型，RUP中有___(11)___个核心工作流。
  - （11）A．5个　　　B．7个　　　C．9个　　　D．11个
- 在RUP的核心工作流中，不包括___(12)___。
  - （12）A．业务建模　　　B．需求　　　C．测试　　　D．用户培训
- 统一过程模型描述了如何有效地利用商业的、可靠的方法开发和部署软件，是一种___(13)___。
  - （13）A．轻量级过程　B．重量级过程　C．中量级过程　D．极限过程
- 敏捷方法的一个显著特点是___(14)___。
  - （14）A．拒绝变化　　B．适应变化　　C．强调过程　　D．注重文档
- 极限编程将复杂的开发过程分解为___(15)___。
  - （15）A．大周期　　　B．小周期　　　C．阶段　　　　D．模块
- 在Scrum方法中，整个开发过程被分为若干个短的迭代周期，称为___(16)___。
  - （16）A．产品Backlog　B．Sprint　　　C．Release　　　D．Feature
- 特征驱动开发方法的核心过程不包括___(17)___。
  - （17）A．开发整体对象模型　　　　　　B．构造特征列表
  　　　　C．计划特征开发　　　　　　　　D．用户测试
- RUP软件开发生命周期中的核心工作流不包括___(18)___。
  - （18）A．业务建模　　　B．需求　　　C．编码　　　D．项目管理

答案及解析

（1）**参考答案** A

试题解析 Barry Boehm 对软件工程的定义是运用现代科学技术知识来设计并构造计算机程序及为开发、运行和维护这些程序所必需的相关文件资料。

（2）**参考答案** B

试题解析 软件工程过程包括计划（P）、执行（D）、检查（C）、行动（A）四个方面。

（3）**参考答案** D

试题解析 瀑布模型的主要缺点不包括灵活应对需求变更。该模型适合软件需求明确的时候使用。

（4）**参考答案** A

试题解析 原型模型的两个主要阶段是原型开发阶段和目标软件开发阶段。

（5）**参考答案** B

试题解析 螺旋模型是生命周期模型和原型模型的结合。

（6）**参考答案** C

试题解析 敏捷方法的核心思想不包括强调严格的文档和计划。敏捷强调拥抱变化和面对面的沟通，正好与要求严格的计划和文档的思想相反。

（7）**参考答案** A

试题解析 敏捷方法提出的背景是面向对象编程的兴起和互联网泡沫的影响。

（8）**参考答案** D

试题解析 极限编程（Extreme Programming，XP）的基础和价值观不包括强调文档化。极限编程是一种敏捷模型，敏捷方法弱化了对文档的需求，强调的是面对面的沟通交流。

（9）**参考答案** A

试题解析 Scrum 方法中使用产品 Backlog 来管理产品的需求。

（10）**参考答案** D

试题解析 特征驱动开发方法（Feature Driven Development，FDD）的三个要素不包括预算，该方法只包括人、过程、技术三个要素。

（11）**参考答案** C

试题解析 统一过程模型（Rational Unified Process，RUP）中有九个核心工作流。

（12）**参考答案** D

试题解析 RUP 的核心工作流中不包括用户培训。RUP 的九个核心工作流分别是业务建模、需求、分析与设计、实现、测试、部署、配置与变更管理、项目管理、环境。

（13）**参考答案** B

试题解析 RUP 是一种重量级过程。

（14）**参考答案** B

试题解析 敏捷方法的一个显著特点是适应变化。

（15）**参考答案** B

试题解析 极限编程（XP）将复杂的开发过程分解为一个个相对简单的小周期。

（16）**参考答案** B

试题解析 在 Scrum 方法中，整个开发过程被分为若干个短的迭代周期，称为 Sprint。

（17）**参考答案** D

试题解析 FDD 的五个核心过程是开发整体对象模型、构造特征列表、计划特征开发、特征设计和特征构建，不包括用户测试。

（18）**参考答案** C

试题解析 参考第 12 题解析，RUP 软件开发生命周期中的核心工作流不包括编码。

5.2 需求工程

- 需求工程中，___（1）___是用户解决问题或达到目标所需的条件或权能。

  （1）A．业务需求　　　　　　　　　B．用户需求
  　　　C．功能需求　　　　　　　　　D．非功能需求

- 瀑布模型中，需求分析作为软件开发的第一个阶段，其输出成果包括___（2）___。

  （2）A．业务需求文档　　　　　　　B．软件需求描述规约
  　　　C．用户需求说明书　　　　　　D．需求变更控制流程

- 需求工程的目标是___（3）___。

  （3）A．编写代码　　　　　　　　　B．定义用户界面
  　　　C．定义设想中系统的所有外部特征　　D．完成系统测试

- 需求工程活动不包括___（4）___阶段。

  （4）A．需求获取　　　　　　　　　B．需求分析
  　　　C．需求管理　　　　　　　　　D．系统设计

- 下列不属于需求获取的方法的是___（5）___。

  （5）A．用户面谈　　　　　　　　　B．需求专题讨论会
  　　　C．编写代码　　　　　　　　　D．问卷调查

- 需求规格说明文档应包括___（6）___。

  （6）A．功能需求和非功能需求　　　B．业务流程图
  　　　C．项目计划　　　　　　　　　D．测试用例

- 需求工程的核心是___（7）___。

  （7）A．确定项目预算　　　　　　　B．确定客户需求
  　　　C．确定项目组成员　　　　　　D．确定系统硬件配置

- 需求获取的最终结果是___（8）___。
  - （8）A．软件设计文档
    - B．测试计划
    - C．用户原始需求书和软件需求描述规约
    - D．代码实现
- 下列属于非功能需求的是___（9）___。
  - （9）A．用户登录　　　　　　　　B．数据库查询
    - C．系统性能要求　　　　　　D．报表生成
- 需求变更控制过程的第一步是___（10）___。
  - （10）A．变更实现　　　　　　　B．变更分析和成本计算
    - C．问题分析和变更描述　　　D．重新协商约定
- 需求管理不包括的活动是___（11）___。
  - （11）A．版本控制　　　　　　　B．需求变更控制
    - C．需求获取　　　　　　　　D．需求文档的追踪管理
- 需求确认与验证的目的是___（12）___。
  - （12）A．编写测试用例　　　　　B．确保需求规格说明的完整性和正确性
    - C．设计用户界面　　　　　　D．确定项目预算
- 在需求变更管理中，变更控制委员会的主要职责是___（13）___。
  - （13）A．编写代码　　　　　　　B．决定需求变更的接受与否
    - C．设计系统架构　　　　　　D．进行系统测试
- 需求追踪的目的是___（14）___。
  - （14）A．确保所有工作成果符合用户需求　B．编写测试计划
    - C．设计数据库结构　　　　　D．进行系统测试
- 需求变更管理强调的内容不包括___（15）___。
  - （15）A．控制对需求基线的变动　　B．保持项目计划与需求一致
    - C．编写系统文档　　　　　　D．跟踪基线中的需求状态
- 需求获取的第一步是___（16）___。
  - （16）A．需求分析　　　　　　　B．需求确认
    - C．开发高层业务模型　　　　D．编写需求规格说明
- 需求分析的主要目标是___（17）___。
  - （17）A．完成系统测试　　　　　B．确定系统的功能需求和非功能需求
    - C．设计系统架构　　　　　　D．编写项目计划
- 需求规格说明文档中不包括的内容是___（18）___。
  - （18）A．功能需求　　　　　　　B．性能要求
    - C．设计文档　　　　　　　　D．外部界面的具体细节

- 需求变更的主要原因不包括___(19)___。
  (19) A．需求获取不完整　　　　　　B．业务变化
       C．需求的理解误差　　　　　　D．系统测试失败
- 在需求管理中，控制单个需求和需求文档的版本情况属于___(20)___。
  (20) A．需求获取　　B．需求分析　　C．需求管理　　D．系统设计

答案及解析

（1）**参考答案 B**
试题解析　用户需求描述了用户使用产品必须完成的任务，是用户对软件产品的期望，属于用户解决问题或达到目标所需的条件或权能。

（2）**参考答案 B**
试题解析　在瀑布模型中，需求分析阶段的输出成果包括用户原始需求说明书和软件需求描述规约。

（3）**参考答案 C**
试题解析　需求工程的目标是确定客户需求，定义设想中系统的所有外部特征。

（4）**参考答案 D**
试题解析　需求工程活动包括需求获取、需求分析、需求管理等阶段，但不包括系统设计，系统设计是需求工程之后的阶段。

（5）**参考答案 C**
试题解析　需求获取的方法包括用户面谈、需求专题讨论会、问卷调查等，而编写代码不是需求获取的方法。

（6）**参考答案 A**
试题解析　需求规格说明文档应包括功能需求和非功能需求，描述系统展现给用户的行为和执行的操作等。

（7）**参考答案 B**
试题解析　需求工程的核心是确定客户需求，这是软件开发的基础和关键。

（8）**参考答案 C**
试题解析　需求获取的最终结果是用户原始需求书和软件需求描述规约，它们作为后续软件开发的指导。

（9）**参考答案 C**
试题解析　非功能需求包括系统性能要求、质量标准、设计限制等，而用户登录、数据库查询和报表生成都是功能需求。

（10）**参考答案 C**
试题解析　需求变更控制过程的第一步是问题分析和变更描述，检查变更提议的有效性。

（11）**参考答案** C

试题解析 需求管理包括需求文档的追踪管理、需求变更控制、版本控制等，但不包括需求获取，需求获取属于需求开发过程。

（12）**参考答案** B

试题解析 需求确认与验证的目的是确保需求规格说明的完整性、正确性、一致性、可测试性和可行性。

（13）**参考答案** B

试题解析 变更控制委员会的主要职责是决定需求变更的接受与否。

（14）**参考答案** A

试题解析 需求追踪的目的是建立与维护"需求-设计-编程-测试"之间的一致性，确保所有工作成果符合用户需求。

（15）**参考答案** C

试题解析 需求变更管理强调控制对需求基线的变动、保持项目计划与需求一致、跟踪基线中的需求状态等，但不包括编写系统文档。

（16）**参考答案** C

试题解析 需求获取的第一步是开发高层业务模型，描述用户的业务过程，确定用户的初始需求。

（17）**参考答案** B

试题解析 需求分析的主要目标是确定系统的功能需求和非功能需求，为后续的系统设计和开发提供依据。

（18）**参考答案** C

试题解析 需求规格说明文档包括功能需求、性能要求、外部界面的具体细节等，但不包括设计文档，设计文档属于系统设计阶段的输出。

（19）**参考答案** D

试题解析 需求变更的主要原因包括需求获取不完整、业务变化、需求的理解误差等，但系统测试失败不是需求变更的主要原因。

（20）**参考答案** C

试题解析 控制单个需求和需求文档的版本情况是需求管理中的一个重要内容，确保需求变更和版本控制的有效性。

5.3 系统分析与设计

- 在系统分析与设计阶段，为了将复杂的对象分解为简单的组成部分并找出它们之间的基本属性和关系，常用的方法是___(1)___。

（1）A．数据库设计　　B．结构化方法　　C．面向对象方法　　D．用户交互设计

- 结构化分析方法常用的工具是___(2)___。
  (2)A．UML　　　　　B．数据字典　　　　C．E-R 图　　　　D．用例图
- 在结构化设计方法中，模块之间联系的程度称为___(3)___。
  (3)A．内聚度　　　　B．耦合度　　　　　C．抽象度　　　　D．扩展性
- 在系统分析与设计中，不属于结构化方法特点的是___(4)___。
  (4)A．使用图形化工具进行分析
     B．强调数据和过程的逻辑结构
     C．侧重于模块化和模块间的接口设计
     D．忽略用户需求分析
- 在结构化分析中，数据字典的主要作用是___(5)___。
  (5)A．描述数据项的物理存储方式
     B．定义系统中各个数据元素的含义和属性
     C．描述系统的用户界面设计
     D．分析系统中各个模块的功能
- 结构化设计中，模块的内聚度高表示___(6)___。
  (6)A．模块功能单一，只处理一个任务
     B．模块功能复杂，处理多个相关任务
     C．模块与其他模块的联系紧密
     D．模块易于扩展和修改
- 结构化方法中常用的图形化工具包括___(7)___。
  (7)A．用例图和活动图　　　　　　B．数据流图和状态转换图
     C．时序图和类图　　　　　　　D．组件图和部署图
- 结构化分析方法的主要目的是___(8)___。
  (8)A．描述系统的物理结构　　　　B．分解系统的功能和数据处理流程
     C．设计系统的用户界面　　　　D．编写系统的详细设计文档
- 在结构化设计中，模块间的耦合度低表示___(9)___。
  (9)A．模块功能复杂，处理多个不相关的任务
     B．模块功能单一，只处理一个任务
     C．模块间的依赖关系和影响较少
     D．模块易于扩展和修改
- 在结构化设计中，模块的抽象度高表示___(10)___。
  (10)A．模块功能复杂，处理多个不相关的任务
      B．模块功能单一，只处理一个任务
      C．模块易于扩展和修改
      D．模块功能抽象，不关注具体实现细节

- 在结构化分析中，用于描述系统数据流动和处理过程的主要工具是___(11)___。
  (11) A. 用例图　　　B. 状态图　　　C. 数据流图　　　D. 组件图
- 结构化设计中，模块的耦合度主要指___(12)___。
  (12) A. 模块内部功能的复杂度
  　　　B. 模块与其他模块之间的联系紧密程度
  　　　C. 模块的抽象度和封装性
  　　　D. 模块功能的独立性
- 结构化方法中，对系统进行模块化设计的主要目的是___(13)___。
  (13) A. 提高系统的运行效率
  　　　B. 降低系统的开发成本
  　　　C. 提高系统的可维护性和扩展性
  　　　D. 简化用户界面设计
- 在结构化设计中，模块的内聚度低表示___(14)___。
  (14) A. 模块功能单一，只处理一个任务
  　　　B. 模块功能复杂，处理多个相关任务
  　　　C. 模块与其他模块的联系紧密
  　　　D. 模块易于扩展和修改
- 在结构化分析方法中，用来描述系统的数据和过程逻辑结构的主要工具是___(15)___。
  (15) A. 用例图　　　B. 时序图　　　C. 数据字典　　　D. 类图
- 下列耦合类型中，不属于结构化设计中模块间的常见耦合类型的是___(16)___。
  (16) A. 控制耦合　　　B. 数据耦合　　　C. 通信耦合　　　D. 物理耦合
- 下列描述，不属于面向对象方法基本特征的是___(17)___。
  (17) A. 抽象　　　　　　　　　B. 继承
  　　　C. 消息通信　　　　　　D. 迭代开发
- 面向对象分析的主要步骤包括___(18)___。
  (18) A. 确定对象和类　　　　　B. 确定结构
  　　　C. 确定主题　　　　　　D. 确定属性
- 下列不属于面向对象分析模型组成部分的是___(19)___。
  (19) A. 主题层　　　B. 关系层　　　C. 结构层　　　D. 服务层
- 在面向对象方法中，封装的核心概念是___(20)___。
  (20) A. 数据隐藏　　　B. 方法重载　　　C. 多态性　　　D. 继承
- 下列不属于面向对象设计基本原则的是___(21)___。
  (21) A. 抽象　　　B. 聚合　　　C. 分布式　　　D. 继承
- 面向对象设计的核心概念不包括___(22)___。
  (22) A. 类　　　　B. 对象　　　C. 进程　　　D. 继承

- 在面向对象编程中，多态的含义是___（23）___。
  （23）A．同一消息可以引起不同类的对象对它的响应
        B．一个类可以继承多个类
        C．一个类可以包含多个子类
        D．同一个类可以实现不同的方法
- 面向对象编程中，继承的主要作用是___（24）___。
  （24）A．增加类的属性   B．减少类的方法
        C．实现代码复用   D．限制类的功能
- 下列不属于面向对象程序设计特点的是___（25）___。
  （25）A．封装   B．继承   C．递归   D．多态
- 面向对象方法中，对象间的通信主要通过___（26）___方式实现。
  （26）A．内存共享   B．消息传递   C．数据库连接 D．文件传输
- 在面向对象方法中，类是对现实世界的___（27）___进行抽象。
  （27）A．数据   B．进程   C．事物   D．功能
- 面向对象分析中，包含对象类的结构和属性的层次是___（28）___。
  （28）A．主题层   B．对象类层   C．结构层   D．服务层
- 面向对象设计中，边界类的目的是___（29）___。
  （29）A．封装用例的执行   B．控制对象的行为
        C．与外部环境交互   D．保存数据的持久性
- 面向对象编程中，封装的主要目的是___（30）___。
  （30）A．隐藏对象的属性   B．隐藏对象的方法
        C．隐藏对象的类   D．隐藏对象的实例
- 面向对象方法中，聚合的原则是___（31）___。
  （31）A．将一个对象嵌入到另一个对象中 B．将多个对象组合成一个整体
        C．将多个对象放在同一个类中   D．将一个对象分解为多个部分
- 面向对象设计中，控制类主要用于___（32）___。
  （32）A．控制用例的执行   B．封装实体类
        C．处理消息通信   D．数据持久化
- 面向对象编程中，抽象的核心概念是___（33）___。
  （33）A．数据的隐藏   B．方法的实现
        C．过程的调用   D．定义公共接口
- 面向对象方法中，方法的作用是___（34）___。
  （34）A．封装数据   B．隐藏属性   C．表示行为   D．定义类
- 面向对象程序设计的基本单元是___（35）___。
  （35）A．进程   B．函数   C．类   D．操作

答案及解析

（1）**参考答案** B

试题解析 结构化方法在系统分析与设计阶段是一种常用的方法，旨在通过数据流图等工具分解并抽象系统功能和数据处理流程。

（2）**参考答案** B

试题解析 数据字典是结构化分析方法中用来描述数据流图中各个元素的定义和说明的重要工具。

（3）**参考答案** B

试题解析 结构化设计方法中，模块之间联系的程度被称为耦合度，不同的耦合类型反映了模块之间的联系强度。

（4）**参考答案** D

试题解析 结构化方法强调逻辑分析和模块化设计，但并不忽略用户需求分析，因为用户需求是系统设计的基础。

（5）**参考答案** B

试题解析 数据字典用来定义系统中各个数据元素的含义、属性和关系，是结构化分析中重要的工具之一。

（6）**参考答案** A

试题解析 内聚度高表示模块内部功能单一，只处理一个任务，是结构化设计中良好设计模块的标志。

（7）**参考答案** B

试题解析 数据流图用来描述系统功能和数据流动；状态转换图通过描述系统的状态和引起系统状态转换的事件，来表示系统的行为。两种都是结构化方法中常用的图形化工具。

（8）**参考答案** B

试题解析 结构化分析方法的主要目的是通过分解系统的功能和数据处理流程，来理清系统的逻辑结构和实现方法。

（9）**参考答案** C

试题解析 耦合度低表示模块间的依赖关系和影响较少，模块间相互独立程度高，有利于系统的模块化和维护。

（10）**参考答案** D

试题解析 抽象度高表示模块功能被抽象为更高层次的概念，不关注具体的实现细节，有利于系统的模块化和可维护性。

（11）**参考答案** C

试题解析 数据流图是结构化分析中用来描述系统数据流动和处理过程的主要工具。

（12）**参考答案** B

试题解析 耦合度主要指模块与其他模块之间的联系紧密程度，影响系统的模块化程度和维护性。

（13）**参考答案** C

试题解析 模块化设计有利于提高系统的可维护性和扩展性，减少系统的耦合度，提升系统的灵活性和复用性。

（14）**参考答案** B

试题解析 内聚度低表示模块功能复杂，处理多个相关任务，不利于系统的模块化和维护。

（15）**参考答案** C

试题解析 数据字典用来描述系统中数据和过程的逻辑结构，是结构化分析方法中重要的工具之一。

（16）**参考答案** D

试题解析 物理耦合不是结构化设计中模块间的常见耦合类型。结构化设计强调降低模块间的耦合度，提高模块的独立性和系统的灵活性。

（17）**参考答案** D

试题解析 面向对象方法强调迭代式开发，而非迭代开发。

（18）**参考答案** A

试题解析 面向对象分析的主要步骤是确定对象和类。

（19）**参考答案** B

试题解析 面向对象分析模型由主题层、对象类层、结构层、属性层和服务层组成。

（20）**参考答案** A

试题解析 封装指的是将对象的数据（属性）和行为（方法）结合成一个系统单元，并隐藏其内部细节。

（21）**参考答案** C

试题解析 面向对象设计的基本原则包括抽象、封装、继承、多态、聚合等。

（22）**参考答案** C

试题解析 面向对象设计的核心概念有类、对象和继承。其中类是模版，对象是类的实例。继承体现了父类和子类之间的关系，子类继承父类的属性和方法。

（23）**参考答案** A

试题解析 多态指的是同一消息可以引起不同类的对象对它的不同响应。

（24）**参考答案** C

试题解析 继承的主要作用是实现代码的复用。

（25）**参考答案** C

试题解析 递归不是面向对象程序设计的特点。

（26）参考答案 B
试题解析　面向对象方法中，对象间的通信通过消息传递来实现。
（27）参考答案 C
试题解析　类是对现实世界的事物进行抽象。
（28）参考答案 B
试题解析　对象类层包含对象类的结构和属性。
（29）参考答案 C
试题解析　边界类用于系统与外部环境的交互。
（30）参考答案 A
试题解析　封装的主要目的是隐藏对象的属性和实现细节。
（31）参考答案 B
试题解析　聚合是将多个对象组合成一个整体。
（32）参考答案 A
试题解析　控制类用于控制用例的执行。
（33）参考答案 D
试题解析　抽象的核心概念是定义公共接口。
（34）参考答案 C
试题解析　方法用来表示对象的行为。
（35）参考答案 C
试题解析　面向对象程序设计的基本单元是类。

5.4　软件测试

- 下列关于软件测试目的的描述中，不正确的是＿＿（1）＿＿。
  （1）A．确保软件的质量
  　　B．确认软件以正确的方式做了用户所期望的事情
  　　C．为软件开发的过程提供依据
  　　D．确保开发人员准备好风险评估
- 下列测试方法最适合用于检查程序内部的逻辑和相关信息的是＿＿（2）＿＿。
  （2）A．黑盒测试　　B．白盒测试　　C．灰盒测试　　D．静态测试
- 单元测试主要针对软件的＿＿（3）＿＿部分进行测试。
  （3）A．整体功能　　B．用户界面　　C．单个模块　　D．集成系统
- ＿＿（4）＿＿是在软件产品交付给用户之前的最后一个测试阶段。
  （4）A．集成测试　　B．单元测试　　C．系统测试　　D．验收测试

- 在软件测试过程中，___(5)___通过分析或检查源程序的语句、结构等来检查程序是否有错误。
  (5) A．动态测试　　　　B．白盒测试　　　　C．黑盒测试　　　　D．静态测试
- ___(6)___适合于检查软件的功能是否按照需求规格说明书准确无误地运行。
  (6) A．灰盒测试　　　　B．静态测试　　　　C．黑盒测试　　　　D．动态测试
- 在软件测试中，___(7)___通常包括功能测试、性能测试、安全性测试等多种测试方式。
  (7) A．集成测试　　　　B．系统测试　　　　C．单元测试　　　　D．压力测试
- ___(8)___通过自动化的测试工具模拟多种正常、峰值以及异常负载条件来对系统的性能指标进行测试。
  (8) A．压力测试　　　　B．验收测试　　　　C．性能测试　　　　D．单元测试
- ___(9)___是在实际环境中由多个用户对软件进行测试，并将测试过程中发现的错误有效反馈给开发者。
  (9) A．Alpha 测试　　　B．Beta 测试　　　　C．接受测试　　　　D．系统测试
- 在 Web 应用的测试中，___(10)___主要用于验证所有链接是否按照指定的方式正确链接到相应页面。
  (10) A．AB 测试　　　　B．链接测试　　　　C．表单测试　　　　D．压力测试
- ___(11)___主要通过验证服务器是否能够正确保存和处理用户提交的信息来保证程序的质量。
  (11) A．AB 测试　　　　B．表单测试　　　　C．链接测试　　　　D．性能测试
- 在软件测试过程中，___(12)___是通过检查每一条通路能否正常工作来进行测试。
  (12) A．灰盒测试　　　　B．白盒测试　　　　C．黑盒测试　　　　D．静态测试
- 单元测试的主要目的是___(13)___。
  (13) A．确保软件的质量
  　　　B．确认软件以正确的方式做了用户所期望的事情
  　　　C．发现模块的功能不符合或不满足预期的情况和编码错误
  　　　D．验证软件是否满足任务书和系统定义文档所规定的技术要求

答案及解析

（1）**参考答案 D**
试题解析　软件测试的目的之一是为开发人员提供信息，以便其为风险评估做准备，这是软件测试中的重要方面。

（2）**参考答案 B**
试题解析　白盒测试主要是通过检查程序内部的逻辑和相关信息来进行测试。

（3）**参考答案 C**
试题解析　单元测试主要是对单个模块进行测试，以发现模块的功能不符合或不满足预期的情况和编码错误。

（4）参考答案 D

试题解析 验收测试是软件产品交付给用户之前的最后一个测试阶段，用于确保软件符合用户需求和合同要求。

（5）参考答案 D

试题解析 静态测试通过分析或检查源程序的语句、结构等来检查程序是否有错误，而不需要运行被测试的程序。

（6）参考答案 C

试题解析 黑盒测试适用于检查软件的功能是否按照需求规格说明书准确无误地运行，不考虑程序内部的结构和特性。

（7）参考答案 B

试题解析 系统测试通常包括功能测试、性能测试、安全性测试等多种测试方式，以验证软件是否符合整体的需求和标准。

（8）参考答案 C

试题解析 性能测试通过自动化的测试工具模拟多种正常、峰值以及异常负载条件来对系统的性能指标进行测试。

（9）参考答案 B

试题解析 Beta 测试是在实际环境中由多个用户对软件进行测试，并将测试过程中发现的错误有效反馈给开发者。

（10）参考答案 B

试题解析 链接测试主要用于验证所有链接是否按照指定的方式正确链接到相应页面，是 Web 应用测试的重要部分之一。

（11）参考答案 B

试题解析 表单测试主要通过验证服务器是否能够正确保存和处理用户提交的信息来保证程序的质量。

（12）参考答案 B

试题解析 白盒测试主要是通过检查程序内部的逻辑和相关信息来验证每一条通路是否正常工作。

（13）参考答案 C

试题解析 单元测试的主要目的是发现模块的功能不符合或不满足预期的情况和编码错误。

5.5 净室软件工程

- 净室软件工程强调的关键是 ___（1）___ 。

  （1）A．高效的项目管理　　　　　　B．高度集成的开发环境
  　　　C．正确性建模和验证　　　　　D．快速的迭代开发过程

- 净室软件工程的过程模型基于___（2）___原则进行开发。
  - （2）A．持续集成　　　　　　　　　B．统计过程控制
  　　　C．敏捷开发　　　　　　　　　D．用户驱动开发
- 净室软件工程中采用的盒子结构方法主要的目的是___（3）___。
  - （3）A．实现多层次的系统架构　　　B．加快软件开发速度
  　　　C．隐藏软件内部细节　　　　　D．提高代码的可读性
- 净室软件工程中的正确性验证是通过___（4）___实现的。
  - （4）A．单元测试　　B．系统测试　　C．功能测试　　D．数学推理
- 净室软件工程的主要优势是___（5）___。
  - （5）A．快速开发　　B．低成本　　　C．高质量　　　D．灵活性

答案及解析

（1）**参考答案 C**
试题解析　净室软件工程通过正确性建模和验证来确保软件的质量和可靠性。

（2）**参考答案 B**
试题解析　净室软件工程采用统计过程控制的增量式开发，以控制和验证软件质量。

（3）**参考答案 A**
试题解析　盒子结构方法在净室软件工程中用于基于函数的规范与设计建模，实现多层次的系统架构。

（4）**参考答案 D**
试题解析　净室软件工程强调使用数学推理来验证软件的正确性，而不是传统的测试方法。

（5）**参考答案 C**
试题解析　净室软件工程以高质量、低风险和成本效益为特点，通过严格的过程控制和正确性验证来提高软件质量。

5.6　基于构件的软件工程

- 基于构件的软件工程（Component-Based Software Engineering，CBSE）强调的主要优势是___（1）___。
  - （1）A．程序编写的高效性　　　　　B．构件的高度可复用性
  　　　C．快速的迭代开发过程　　　　D．大规模团队协作的灵活性
- CBSE中的构件应具备的基本特征不包括___（2）___。
  - （2）A．可组装性　　　　　　　　　B．可部署性
  　　　C．单元测试通过性　　　　　　D．文档化

- CBSE 中常用的构件模型不包括___(3)___。
  （3）A．Web Services 模型　　　　　　B．EJB 模型
  　　　C．.NET 模型　　　　　　　　　　D．CORBA 模型
- 在 CBSE 过程中，构件的部署是指___(4)___。
  （4）A．将构件打包成二进制形式　　　B．将构件发布到市场
  　　　C．将构件整合到系统中并运行　　D．将构件文档化并存档
- CBSE 过程中的主要活动不包括___(5)___。
  （5）A．系统需求概览　　　　　　　　B．构件模型的选择
  　　　C．单元测试的执行　　　　　　　D．构件定制与适配
- ___(6)___不是构件组装的方式。
  （6）A．顺序组装　　B．分层组装　　C．适配组装　　D．叠加组装
- 在 CBSE 过程中，为了解决构件接口不兼容的问题，通常需要开发的组件是___(7)___。
  （7）A．适配器组件　　B．界面组件　　C．系统组件　　D．通信组件
- CBSE 过程中的系统体系结构设计阶段的主要目标是___(8)___。
  （8）A．选择构件的开发平台　　　　　B．定义系统的功能需求
  　　　C．确定构件模型和实现平台　　　D．编写构件的详细设计文档
- CBSE 过程中的识别候选构件活动依赖于___(9)___。
  （9）A．构件的文档化程度　　　　　　B．系统需求的完整性
  　　　C．已有构件的可复用性　　　　　D．用户的反馈意见
- CBSE 过程与传统软件开发过程的主要区别在于___(10)___。
  （10）A．CBSE 过程更加迭代　　　　　　B．CBSE 过程更加注重文档化
  　　　 C．CBSE 过程更加注重构件的集成　D．CBSE 过程更加注重程序编写

答案及解析

（1）**参考答案 B**
试题解析 CBSE 通过构件的高度可复用性来加速软件开发过程，降低维护成本。

（2）**参考答案 C**
试题解析 构件的单元测试通过性是开发阶段的要求，并非构件本身的特征。

（3）**参考答案 D**
试题解析 公共对象请求代理（Common Object Request Broker Architecture，CORBA）不属于常用的 CBSE 构件模型之一。

（4）**参考答案 C**
试题解析 构件的部署是指将构件整合到系统中，并确保其在运行时能够正确运行。

（5）**参考答案** C

试题解析 单元测试的执行是开发阶段的活动，而不是CBSE过程中的主要活动之一。

（6）**参考答案** C

试题解析 适配组装不是一种通常的构件组装方式，而是解决构件接口不兼容的一种方法。

（7）**参考答案** A

试题解析 适配器组件用于将两个构件的接口进行适配，以实现它们的互操作性。

（8）**参考答案** C

试题解析 系统体系结构设计阶段的主要目标是确定适合系统的构件模型和实现平台。

（9）**参考答案** C

试题解析 识别候选构件的活动依赖于已有构件的可复用性评估和适用性分析。

（10）**参考答案** C

试题解析 CBSE过程更加注重构件的集成而不是传统的程序编写过程。

5.7 软件项目管理

- 软件项目管理中的工作分解结构（WBS）的作用是＿＿（1）＿＿。
  （1）A．定义项目的软件架构　　　　　　B．分解项目任务到日常工作活动
  　　　C．分配项目的硬件资源　　　　　　D．制定项目的市场策略
- 软件项目管理中，活动定义的关键内容包括＿＿（2）＿＿。
  （2）A．活动的成本估计　　　　　　　　B．活动的前驱关系
  　　　C．活动的技术标准　　　　　　　　D．活动的行政审批
- 软件配置管理中的核心内容不包括＿＿（3）＿＿。
  （3）A．版本控制　　　B．变更控制　　　C．软件测试管理　　D．配置项管理
- 软件质量管理的主要目标是＿＿（4）＿＿。
  （4）A．最大限度地降低软件开发成本　　B．尽量在软件开发早期捕获缺陷
  　　　C．减少软件项目的总工作量　　　　D．确保软件工作过程的透明性
- 软件质量保证的主要任务不包括＿＿（5）＿＿。
  （5）A．SQA审计与评审　　　　　　　　B．处理软件质量认证的事宜
  　　　C．监控软件过程的执行　　　　　　D．发布SQA报告给项目管理人员
- ISO 9001标准适用的领域是＿＿（6）＿＿。
  （6）A．软件质量管理　　　　　　　　　B．硬件产品制造
  　　　C．服务行业　　　　　　　　　　　D．以上都是
- CMM模型用来评估＿＿（7）＿＿。
  （7）A．软件开发流程的成熟度　　　　　B．软件测试的效率
  　　　C．软件项目的质量标准　　　　　　D．软件团队的领导力

- 软件风险管理的主要目标是___(8)___。
  - (8) A. 预防软件项目进度延误　　　　B. 辨识、评估和管理项目风险
    C. 减少软件开发成本　　　　　　D. 确保软件质量达标
- 在软件质量管理中，影响软件质量的主要因素不包括___(9)___。
  - (9) A. 可理解性和正确性　　　　　B. 可维修性和灵活性
    C. 生产力和效率　　　　　　　D. 健壮性和完整性
- 软件项目管理中，活动排序的依据是___(10)___。
  - (10) A. 活动的成本估计　　　　　　B. 活动的前驱关系
    C. 活动的技术标准　　　　　　D. 活动的行政审批
- 软件配置管理的核心内容主要包括___(11)___。
  - (11) A. 版本控制和需求管理　　　　B. 变更控制和测试管理
    C. 配置项管理和版本控制　　　D. 质量管理和变更控制
- 软件质量保证的主要目标是预防___(12)___。
  - (12) A. 软件项目成本增加　　　　　B. 软件开发过程中的缺陷
    C. 软件质量下降　　　　　　　D. 软件需求变更
- ISO 9001 标准主要用于验证___(13)___。
  - (13) A. 项目管理过程的合规性　　　B. 产品和服务的质量要求
    C. 软件产品的兼容性　　　　　D. 生产设备的安全性
- CMM 模型评估___(14)___。
  - (14) A. 软件功能的复杂性　　　　　B. 软件项目的进度安排
    C. 软件开发流程的成熟度　　　D. 软件团队的人员素质
- 软件风险管理的主要任务是___(15)___。
  - (15) A. 预测软件开发成本　　　　　B. 辨识、评估和管理项目风险
    C. 确保软件项目的进度安排　　D. 监控软件测试过程
- 在软件质量管理中，___(16)___不是影响软件质量的主要因素。
  - (16) A. 可理解性和正确性　　　　　B. 可维护性和灵活性
    C. 生产力和效率　　　　　　　D. 健壮性和完整性
- 软件项目管理中的关键技术标准包括___(17)___。
  - (17) A. 技术成本估计和配置管理　　B. 进度安排和成本控制
    C. 前驱关系和活动排序　　　　D. 需求分析和系统设计
- 软件配置管理的核心内容不包括以下___(18)___。
  - (18) A. 版本控制　　B. 变更控制　　C. 软件测试管理　　D. 配置项管理
- 软件质量保证的主要目标是预防___(19)___。
  - (19) A. 软件项目成本增加　　　　　B. 软件开发过程中的缺陷
    C. 软件质量下降　　　　　　　D. 软件需求变更

答案及解析

（1）**参考答案** B

试题解析 工作分解结构（Work Breakdown Structure，WBS）是把一个项目按一定原则分解成任务，进而分解成日常工作活动，是项目管理的基础。

（2）**参考答案** B

试题解析 活动定义包括确定活动的前驱、持续时间、必须完成日期和里程碑或交付成果等内容。

（3）**参考答案** C

试题解析 软件配置管理的核心内容包括版本控制和变更控制，而软件测试管理通常属于软件质量管理的范畴。版本控制和变更控制可能会涉及对软件配置项的变更以及产生不同的配置项版本。

（4）**参考答案** B

试题解析 软件质量管理的主要目标是在软件开发的早期阶段捕获缺陷，以避免其在后续阶段造成更大的影响和成本。

（5）**参考答案** B

试题解析 软件质量保证的主要任务包括 SQA 审计与评审、处理不符合问题和发布 SQA 报告给相关人员，而质量认证通常不是 SQA 的职责范围。监控软件过程的执行属于质量控制的任务，不属于质量保证任务。

（6）**参考答案** D

试题解析 ISO 9001 标准适用于产品和服务的质量管理，包括软件质量管理、硬件产品制造和服务行业等领域。

（7）**参考答案** A

试题解析 CMM 模型用来评估软件开发过程的成熟度，帮助软件企业提升其软件生产过程的标准化和效率。

（8）**参考答案** B

试题解析 软件风险管理的主要目标是通过辨识、评估和管理项目风险，来预防其对软件项目进度和成本造成不利影响。

（9）**参考答案** C

试题解析 影响软件质量的主要因素包括可理解性、可维修性、灵活性、正确性、健壮性、完整性、可用性和风险等因素。

（10）**参考答案** B

试题解析 活动排序依据活动的前驱关系确定活动的执行顺序，确保项目按计划进行。

（11）**参考答案** C

试题解析 软件配置管理的核心内容包括配置项管理和版本控制,确保软件开发过程中的变更有序进行。

（12）**参考答案** B

试题解析 软件质量保证的主要目标是预防软件开发过程中的缺陷，以保证软件产品的质量标准。

（13）**参考答案** B

试题解析 ISO 9001 标准用于验证产品和服务是否符合质量要求，包括软件产品的质量管理标准。

（14）**参考答案** C

试题解析 CMM 模型评估软件开发过程的成熟度，帮助企业提升软件生产过程的标准化和效率。

（15）**参考答案** B

试题解析 软件风险管理的主要任务是辨识、评估和管理项目风险，以便及早预防风险对项目的不利影响。

（16）**参考答案** C

试题解析 生产力和效率虽然重要，但不是影响软件质量的主要因素之一。

（17）**参考答案** C

试题解析 软件项目管理中的关键技术标准包括前驱关系和活动排序，以确保项目按计划有序进行。

（18）**参考答案** C

试题解析 软件配置管理的核心内容包括版本控制、变更控制和配置项管理，以确保软件开发过程的变更有序进行。

（19）**参考答案** B

试题解析 软件质量保证的主要目标是预防软件开发过程中的缺陷，以确保软件产品达到预期的质量标准。

第6章 数据库设计基础知识

6.1 数据库基本概念

- 下列关于数据库基本概念的说法，错误的是___(1)___。
  - (1) A. 数据（Data）是描述事物的符号记录，它具有多种表现形式，可以是文字、图形、图像、声音和语言等
    - B. 数据库系统（Data Base System，DBS）是一个采用了数据库技术，有组织地、动态地存储大量相关联数据，从而方便多用户访问的计算机系统
    - C. 数据库（DataBase，DB）是统一管理的、长期储存在计算机内的，有组织的相关数据的集合，其特点是数据间联系密切、冗余度大、独立性较高、不易扩展，并且可为各类用户共享
    - D. 数据库管理系统是数据库系统的核心软件，由一组相互关联的数据集合和一组用以访问这些数据的软件组成

- 下列关于数据库系统和文件系统的说法，错误的是___(2)___。
  - (2) A. 文件系统中数据可以长期保留，数据的逻辑结构和物理结构有了区别，程序可以按照文件名称访问文件，不必关心数据的物理位置，由文件系统提供存取方法
    - B. 文件系统数据不属于某个特定的应用，即应用程序和数据之间不再是直接的对应关系，数据可以重复使用
    - C. 文件系统采用复杂的数据模型表示数据结构
    - D. 数据库系统与文件系统的区别是数据库对数据的存储是按照同一种数据结构进行的，不同的应用程序都可以直接操作这些数据（即对应用程序的高度独立性）

- 数据库的基础结构是___(3)___，是用来描述数据的一组概念和定义，其三要素是数据结构、数据操作和___(4)___。

    (3) A．数据文件 　　　　　　　　　　B．数据模型
    　　C．关系表 　　　　　　　　　　　D．二维矩阵
    (4) A．约束条件 　　　　　　　　　　B．数据层次
    　　C．数据形式 　　　　　　　　　　D．数据概念

- 下列关于数据库管理系统的特点的说法，错误的是___(5)___。

    (5) A．数据库管理系统的数据结构化且统一管理
    　　B．数据库管理系统有较高的数据独立性。数据的独立性是指数据与程序独立，将数据的定义从程序中分离出去，由数据库管理系统负责数据的存储，应用程序关心的只是数据的逻辑结构，无须了解数据在磁盘上的存储形式，从而简化应用程序，大大减少应用程序编制的工作量
    　　C．数据的独立性包括数据的程序独立性和数据的逻辑独立性
    　　D．数据库管理系统提供了数据控制功能，以适应共享数据的环境。数据控制功能包括对数据库中数据的安全性、完整性、并发和恢复的控制

- ___(6)___是指保护数据库以防止不合法的使用所造成的数据泄露、更改或破坏。这样，用户只能按规定对数据进行处理。例如，划分了不同的权限，有的用户只有读数据的权限，有的用户有修改数据的权限，用户只能在规定的权限范围内操纵数据库。___(7)___是指数据库的正确性和相容性，是防止合法用户使用数据库时向数据库加入不符合语义的数据。保证数据库中数据是正确的，避免非法的更新。___(8)___是指在多用户共享的系统中，许多用户可能同时对同一数据进行操作。DBMS 的并发控制子系统负责协调并发事务的执行，保证数据库的完整性不受破坏，避免用户得到不正确的数据。___(9)___主要是指恢复数据库本身，即在故障导致数据库状态不一致时，将数据库恢复到某个正确状态或一致状态。

    (6) A．数据库的安全性 　　　　　　　B．数据的完整性
    　　C．并发控制 　　　　　　　　　　D．故障恢复
    (7) A．数据库的安全性 　　　　　　　B．数据的完整性
    　　C．并发控制 　　　　　　　　　　D．故障恢复
    (8) A．数据库的安全性 　　　　　　　B．数据的完整性
    　　C．并发控制 　　　　　　　　　　D．故障恢复
    (9) A．数据库的安全性 　　　　　　　B．数据的完整性
    　　C．并发控制 　　　　　　　　　　D．故障恢复

- SQL 语言支持关系数据库的三级模式结构图如下所示，图中视图、基本表、存储文件分别对应___(10)___。

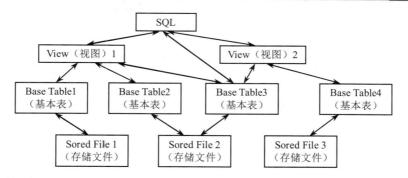

（10）A．模式、内模式、外模式　　　　　B．外模式、模式、内模式
　　　 C．模式、外模式、内模式　　　　　D．外模式、内模式、模式

● 数据库的视图与基本表之间，基本表与存储文件之间分别通过建立___(11)___之间的映像，保证数据的逻辑独立性和物理独立性。

（11）A．模式到内模式和外模式到内模式
　　　 B．外模式到内模式和内模式到模式
　　　 C．外模式到模式和模式到内模式
　　　 D．内模式到模式和模式到外模式

● 下列关于视图的叙述中，错误的是___(12)___。

（12）A．视图是虚表　　　　　　　　　　B．视图可以从视图导出
　　　 C．视图的定义存放在数据库中　　　D．所有视图都可以更新

● 采用三级模式结构的数据库系统中，如果对一个表创建聚簇索引，那么改变的是数据库的___(13)___。

（13）A．外模式　　　B．模式　　　C．内模式　　　D．用户模式

答案及解析

（1）**参考答案 C**

试题解析　数据库（DataBase，DB）是统一管理的、长期储存在计算机内的，有组织的相关数据的集合，其特点是数据间联系密切、冗余度小、独立性较高、易扩展，并且可为各类用户共享。

（2）**参考答案 C**

试题解析　数据库系统采用复杂的数据模型表示数据结构，不是文件系统。

（3）（4）**参考答案 B A**

试题解析　数据库的基础结构是数据模型，是用来描述数据的一组概念和定义。数据模型的三要素是数据结构、数据操作和数据的约束条件。

（5）**参考答案 C**

试题解析　数据的独立性包括数据的物理独立性和数据的逻辑独立性。

（6）（7）（8）（9）**参考答案** A B C D

试题解析 数据库的安全性是指保护数据库以防止不合法的使用所造成的数据泄露、更改或破坏。这样，用户只能按规定对数据进行处理。例如，划分了不同的权限，有的用户只有读数据的权限，有的用户有修改数据的权限，用户只能在规定的权限范围内操纵数据库。数据的完整性是指数据库正确性和相容性，是防止合法用户使用数据库时向数据库加入不符合语义的数据。保证数据库中数据是正确的，避免非法的更新。并发控制是指在多用户共享的系统中，许多用户可能同时对同一数据进行操作。DBMS 的并发控制子系统负责协调并发事务的执行，保证数据库的完整性不受破坏，避免用户得到不正确的数据。故障恢复主要是指恢复数据库本身，即在故障导致数据库状态不一致时，将数据库恢复到某个正确状态或一致状态。

（10）**参考答案** B

试题解析 SQL 语言支持关系数据库的三级模式结构中，视图对应外模式、基本表对应模式、存储文件对应内模式。

（11）**参考答案** C

试题解析 本题考查数据库系统基本概念。

在数据库系统中有三级模式：外模式、模式和内模式。外模式也称用户模式或子模式，用于描述用户视图层次上的数据特性；模式用于对数据库中全部数据的逻辑结构和特征进行描述，即模式用于描述概念视图层次上的数据特性，如数据库中的基本表；内模式用于描述内部视图层次上的数据特性，是数据在数据库内部的表示方式，如存储文件。数据库的视图与基本表之间通过外模式到模式之间的映像，实现了外模式到概念模式之间的相互转换，即实现了视图与基本表之间的相互转换，从而保证了数据的逻辑独立性。数据库的基本表与存储文件之间通过模式到内模式之间的映像，实现了概念模式到内模式之间的相互转换，即实现了基本表与存储文件之间的相互转换，从而保证了数据的物理独立性。

（12）**参考答案** D

试题解析 视图不一定都可以更新。根据视图的定义和基础表的结构和约束条件，只有满足特定条件的视图才能进行更新操作。对于满足更新条件的视图，可以通过 UPDATE、INSERT 和 DELETE 语句对其进行更新操作。但对于不满足更新条件的视图，试图进行更新操作将会导致错误。

（13）**参考答案** C

试题解析 本题考查数据库三级模式两级映射。

三级模式分为外模式、模式和内模式，其中外模式对应视图级别，是用户与数据库系统的接口，是对用户用到的部分数据的描述，如用户视图；模式又称概念模式，对应表级，是对数据库中全部数据的逻辑结构和特质的描述，由若干个概念记录类型组成，只涉及类型的描述，不涉及具体的值；内模式又称存储模式，对应文件级，是对数据物理结构和存储方式的描述，是数据在数据库内部的表述方法，定义所有内部的记录类型，索引和文件的组织方式，以及数据控制方面的细节如 B 树结构存储，Hash 方法存储，聚簇索引等。所以如果对一个表创建聚簇索引，那么改变的是数据库的内模式。

6.2 关系数据库

- ___(1)___ 指的是一个关系中属性的个数。___(2)___ 是属性的取值范围对应一个值的集合。如果关系模式 R 中的属性或属性组不是该关系的码，但它是其他关系的码，那么该属性集对关系模式 R 而言是___(3)___。关系模型的所有属性组是这个关系模式的候选码，称为___(4)___。

  (1) A. 度　　　　　　B. 外码　　　　　　C. 域　　　　　　D. 全码
  (2) A. 度　　　　　　B. 外码　　　　　　C. 域　　　　　　D. 全码
  (3) A. 度　　　　　　B. 外码　　　　　　C. 域　　　　　　D. 全码
  (4) A. 度　　　　　　B. 外码　　　　　　C. 域　　　　　　D. 全码

- 下列关于数据库关系完整性约束的说法，错误的是___(5)___。

  (5) A. 完整性规则提供了一种手段来保证当授权用户对数据库做修改时不会破坏数据的一致性
  　　B. 关系的完整性约束共分为三类，分别是实体完整性、参照完整性和用户定义完整性
  　　C. 实体完整性规则要求每个数据表都必须有主键，而作为主键的所有字段，其属性必须是唯一且非空值
  　　D. 用户定义完整性指的是现实世界中的实体之间往往存在某种联系，在关系模型中实体及实体间的联系是用关系来描述的，这样自然就存在着关系与关系间的引用

- 某销售公司数据库的零件关系（零件号，零件名称，供应商，供应商所在地，库存量）如下表所示，其中同一种零件可由不同的供应商供应，一个供应商可以供应多种零件。零件关系的主键为___(6)___，该关系存在冗余以及插入异常和删除异常等问题。为了解决这些问题需要将零件关系分解为___(7)___，分解后的关系模式可以达到___(8)___。

零件号	零件名称	供应商	供应商所在地	库存量
010023	P2	S1	北京市海淀区 58 号	380
010024	P3	S1	北京市海淀区 58 号	1350
010022	P1	S2	西安市雁塔区 2 号	160
010023	P2	S2	西安市雁塔区 2 号	1280
010024	P3	S2	西安市雁塔区 2 号	3900
010022	P1	S3	沈阳市和平区 65 号	2860

(6) A. 零件号，零件名称　　　　　　B. 零件号，供应商
　　C. 零件号，供应商所在地　　　　D. 供应商，供应商所在地

(7) A. 零件 1（零件号，零件名称，供应商，供应商所在地，库存量）
　　B. 零件 1（零件号，零件名称）、零件 2（供应商，供应商所在地，库存量）

C. 零件1（零件号，零件名称）、零件2（零件号，供应商，库存量）、零件3（供应商，供应商所在地）

D. 零件1（零件号，零件名称）、零件2（零件号，库存量）、零件3（供应商，供应商所在地）、零件4（供应商所在地，库存量）

(8) A. 1NF   B. 2NF   C. 3NF   D. 4NF

- 若给定关系模式 R(U,F)，其中，属性集 U={城市,街道,邮政编码}，函数依赖集 F={(城市,街道)→邮政编码,邮政编码→城市}，则关系 R ___(9)___，且分别有___(10)___。

  (9) A. 只有1个候选关键字"城市，街道"

  B. 只有1个候选关键字"街道，邮政编码"

  C. 有2个候选关键字"城市，街道"和"街道，邮政编码"

  D. 有2个候选关键字"城市，街道"和"城市，邮政编码"

  (10) A. 1个非主属性和2个主属性   B. 0个非主属性和3个主属性

  C. 2个非主属性和1个主属性   D. 3个非主属性和0个主属性

- 若对关系 R(A,B,C,D)、S(C,D,E) 进行 π1,2,3,4,7(σ3=5∧4=6(R×S)) 运算，则该关系代数表达式与___(11)___是等价的。

  (11) A. R⋈S   B. σ3=5∧4=6(π1,2,3,4,7(R×S))

  C. πA,B,C,D,E(R×S)   D. π1,2,3,4,7(σ3=5(R)×σ4=6(S))

- 给定关系模式 R(A1,A2,A3,A4)，R 上的函数依赖集 F={A1A3→A2, A2→A3}，则 R___(12)___。若将 R 分解为 p={(A1,A2),(A1,A3)}，那么该分解___(13)___。

  (12) A. 有1个候选关键字 A1A3

  B. 有1个候选关键字 A1A2A3

  C. 有2个候选关键字 A1A3A4 和 A1A2A4

  D. 有3个候选关键字 A1A2、A1A3 和 A1A4

  (13) A. 是无损连接的   B. 是保持函数依赖的

  C. 既是无损连接的又保持函数依赖   D. 既是有损连接的又不保持函数依赖

- R(A1,A2,A3) 和 S(A2,A3,A4) 上进行 πA1A4(σA2<'2017'∧A4='95'(R⋈S)) 关系运算，与该关系表达式等价的是___(14)___。将该关系代数表达式转换为等价的 SQL 语句如下：

  SELECT A1,A4   FROM R, S   WHERE R.A2 <'2017'___(15)___；

  (14) A. π1,4(σ2<'2017'∨4='95'(R⋈S))

  B. π1,6(σ2<'2017'(R)×σ3='95'(S))

  C. π1,4(σ2<'2017'(R)×σ6='95'(S))

  D. π1,6(σ2=4∧3=5(σ2<'2017'(R)×σ3='95'(S)))

  (15) A. OR S.A4='95' OR R.A2=S.A2 OR R.A3=S.A3

  B. AND S.A4='95' OR R.A2=S.A2 AND R.A3=S.A3

  C. AND S.A4='95' AND R.A2=S.A2 AND R.A3=S.A3

D. OR S.A4='95' AND R.A2=S.A2 OR R.A3=S.A3
- 若给定关系模式 R(U,F)，其中 U 为属性集，F 是 U 上的一组函数依赖，那么函数依赖的公理系统（Armstrong 公理系统）中的分解规则是指   (16)   为 F 所蕴涵。
  (16) A. 若 X→Y，Y→Z，则 X→Z　　　　B. 若 Y⊆X⊆U，则 X→Y
       C. 若 X→Y，Z⊆Y，则 X→Z　　　　D. 若 X→Y，Y→Z，则 X→YZ
- 若关系 R 有 m 个元组，关系 S 有 n 个元组，则 R 和 S 的笛卡儿积有   (17)   个元组。
  (17) A. n　　　　B. m　　　　C. m+n　　　　D. m×n
- 下列表达式与 R∩S 等价的是   (18)   。
  (18) A. R−(R−S)　　B. R∪S　　C. R−(S−R)　　D. S−(R−S)
- 若给定关系 R(A,B,C,D) 和 S(A,C,E,F)，则   (19)   与 σR.B>S.E(R⋈S) 等价。
  (19) A. σ2>7(R×S)　　　　　　　　B. π1,2,3,4,7,8(σ1=5∧2>7∧3=6(R×S))
       C. σ2>'7'(R×S)　　　　　　　D. π1,2,3,4,7,8(σ1=5∧2>'7'∧3=6(R×S))
- 若关系 R、S 如下表所示，则关系 R 与 S 进行自然连接运算后的属性列数和元组个数分别为   (20) ，关系代数表达式 π1,5(σ2<5(R×S)) 与关系代数表达式   (21)   等价。

A	B	C	D
6	6	1	5
6	1	5	1
6	1	5	4
6	3	7	4

  (20) A. 6 和 7　　B. 4 和 4　　C. 4 和 3　　D. 3 和 4
  (21) A. πA,R.B(σS.B< R.B(R×S))　　　B. πA,B(σR.B<S.B (R×S))
       C. πA,S.B(σS.B< R.B (R×S))　　　D. πA,S.B(σR.B<S.B (R×S))
- 通常在设计关系模式时，派生属性不会作为关系中的属性来存储。按照这个原则，假设原设计的学生关系模式为 Students(学号,姓名,性别,出生日期,年龄,家庭地址)，那么该关系模式正确的设计应为   (22)   。
  (22) A. Students (学号,性别,出生日期,年龄,家庭地址)
       B. Students (学号,姓名,性别,出生日期,年龄)
       C. Students (学号,姓名,性别,出生日期,家庭地址)
       D. Students (学号,姓名,出生日期,年龄,家庭地址)
- 给出关系 R(U,F)，U={A,B,C,D,E}，F={A→BC,B→D,D→E}。以下关于 F 的说法正确的是   (23)   。若将关系 R 分解为 ρ={R1(U1,F1),R2(U2,F2)}，其中：U1={A,B,C}、U2={B,D,E}，则分解 ρ   (24)   。
  (23) A. F 蕴涵 A→B、A→C，但 F 不存在传递依赖

B. F 蕴涵 E→A、A→C，故 F 存在传递依赖

C. F 蕴涵 A→D、E→A、A→C，但 F 不存在传递依赖

D. F 蕴涵 A→D、A→E、B→E，故 F 存在传递依赖

(24) A. 无损连接并保持函数依赖　　　B. 无损连接但不保持函数依赖

　　 C. 有损连接并保持函数依赖　　　D. 有损连接但不保持函数依赖

- 给定关系 R(A,B,C,D,E)与 S(A,B,C,F,G)，那么与表达式 π1,2,4,6,7(σ1<6(R⋈S))等价的 SQL 语句如下：

  SELECT ___(25)___ FROM R，S WHERE ___(26)___；

  (25) A. R.A，R.B，R.E，S.C，G　　　B. R.A，R.B，D，F，G

  　　 C. R.A，R.B，R.D，S.C，F　　　D. R.A，R.B，R.D，S.C，G

  (26) A. R.A=S.A OR R.B=S.B OR R.C=S.C OR R.A<S.F

  　　 B. R.A=S.A OR R.B=S.B OR R.C=S.C OR R.A<S.B

  　　 C. R.A=S.A AND R.B=S.B AND R.C=S.C AND R.A<S.F

  　　 D. R.A=S.A AND R.B=S.B AND R.C=S.C AND R.A<S.B

- 给定关系模式 R(U,F)，其中：属性集 U={A1,A2,A3,A4,A5,A6}，函数依赖集 F={A1→A2,A1→A3,A3→A4,A1A5→A6}。关系模式 R 的候选码为___(27)___，由于 R 存在非主属性对码的部分函数依赖，所以 R 属于___(28)___。

  (27) A. A1A3　　B. A1A4　　C. A1A5　　D. A1A6

  (28) A. 1NF　　B. 2NF　　C. 3NF　　D. BCNF

- 给定关系模式 R(A,B,C,D,E)、S(D,E,F,G)和 π1,2,4,6（R⋈S），经过自然连接和投影运算后的属性列数分别为___(29)___。

  (29) A. 9 和 4　　B. 7 和 4　　C. 9 和 7　　D. 7 和 7

- 若关系 R，S 如下所示，则关系 R 与 S 进行自然连接运算后的元组个数和属性列数分别为___(30)___；关系代数表达式 π1,4(σ3=6(R×S))与关系代数表达式___(31)___等价。

R

A	B	C	D
6	3	1	5
6	1	5	1
6	5	7	4
6	3	7	4

S

C	D
1	5
7	4

(30) A. 6 和 6　　B. 4 和 6　　C. 3 和 6　　D. 3 和 4

(31) A. πA,D(σC=D(R×S))　　　　　B. πA,R.D(σS.C=R.D(R×S))

　　 C. πA,R.D(σR.C=S.D(R×S))　　D. πR.A,R.D(σS.C=S.D(R×S))

- 设关系模式 R(U,F)，其中 U 为属性集，F 是 U 上的一组函数依赖，那么函数依赖的公理系统（Armstrong 公理系统）中的合并规则是指___（32）___为 F 所蕴涵。

  (32) A. 若 A→B，B→C，则 A→C　　　B. 若 Y⊆X⊆U，则 X→Y
  　　　C. 若 A→B，A→C，则 A→BC　　D. 若 A→B，C⊆B，则 A→C

- 若关系模式 R 和 S 分别为：R(A,B,C,D)，S(B,C,E,F)，则关系 R 与 S 自然连接运算后的属性列有___（33）___个，与表达方式 π1,3,5,6(σ3<6(R⋈S))等价的 SQL 语句为：
  SELECT ___（34）___ FROM R, S WHERE ___（35）___;

  (33) A. 4　　　　　B. 6　　　　　C. 7　　　　　D. 8

  (34) A. A,R.C,E,F
  　　　B. A,C,S.B,S.E
  　　　C. A,C,S.B,S.C
  　　　D. R.A,R.C,S.B,S.C

  (35) A. R.B=S.B AND R.C=S.C AND R.C<S.B
  　　　B. R.B=S.B AND R.C=S.C AND R.C<S.F
  　　　C. R.B=S.B OR R.C=S.C OR R.C<S.B
  　　　D. R.B=S.B OR R.C=S.C OR R.C<S.F

- 假设关系模式 R(U,F)，属性集 U={A,B,C}，函数依赖集 F={A→B,B→C}。若将其分解为 ρ={R1(U1,F1), R2(U2,F2)}，其中 U1={A,B},U2={A,C}。那么，关系模式 R、R1、R2 分别达到了___（36）___；分解 ρ___（37）___。

  (36) A. 1NF、2NF、3NF　　　B. 1NF、3NF、3NF
  　　　C. 2NF、2NF、3NF　　　D. 2NF、3NF、3NF

  (37) A. 有损连接但保持函数依赖　　　B. 无损连接且保持函数依赖
  　　　C. 有损连接且不保持函数依赖　　D. 无损连接但不保持函数依赖

- 给定员工关系 EMP(EmpID,Ename,sex,age,tel,DepID)，其属性含义分别为：员工号、姓名、性别、年龄、电话、部门号；部门关系 DEP(DepID,Dname,Dtel,DEmpID)，其属性含义分别为：部门号、部门名、电话、负责人号。若要求 DepID 参照部门关系 DEP 的主码 DepID，则可以在定义 EMP 时用___（38）___进行约束。若要查询开发部的负责人姓名、年龄，则正确的关系代数表达式为___（39）___。

  (38) A. Primary Key (DepID) On DEP (DepID)
  　　　B. Primary Key (DepID) On EMP (DepID)
  　　　C. Foreign Key (DepID) References DEP (DepID)
  　　　D. Foreign Key (DepID) References EMP (DepID)

  (39) A. π2,4(σ8='开发部'(EMP×DEP))
  　　　B. π2,4(σ1=9(EMP⋈σ2='开发部'(DEP)))
  　　　C. π2,3(EMP×σ2='开发部'(DEP))
  　　　D. π2,3(π1,2,4,6(EMP)⋈σ2='开发部'(DEP))

● 集合{2,4,6,8,10,15}，如果将聚集函数 sum 用于该集合时返回___（40）___；将聚集函数 avg 用于该集合时返回___（41）___；将聚集函数 count 用于该集合时返回___（42）___；将聚集函数 min 用于该集合时返回___（43）___；将聚集函数 max 用于该集合时返回___（44）___。

（40）A. 45　　　　　B. 18　　　　　C. 12　　　　　D. 10
（41）A. 4.5　　　　 B. 7.5　　　　 C. 7.8　　　　 D. 8.3
（42）A. 4　　　　　 B. 5　　　　　 C. 6　　　　　 D. 8
（43）A. 2　　　　　 B. 3　　　　　 C. 2　　　　　 D. 1
（44）A. 15　　　　　B. 18　　　　　C. 12　　　　　D. 10

答案及解析

（1）（2）（3）（4）参考答案 A C B D

试题解析　目或度指的是一个关系中属性的个数。域是属性的取值范围对应一个值的集合。如果关系模式 R 中的属性或属性组不是该关系的码，但它是其他关系的码，那么该属性集对关系模式 R 而言是外码。关系模型的所有属性组是这个关系模式的候选码，称为全码。

（5）参考答案 D

试题解析　完整性规则提供了一种手段来保证当授权用户对数据库做修改时不会破坏数据的一致性。因此，完整性规则防止的是对数据的意外破坏。关系模型的完整性规则是对关系的某种约束条件。例如，若某企业实验室管理员的基本薪资小于 2000 元，则可用完整性规则来进行约束。关系的完整性约束共分为三类：实体完整性、参照完整性（也称引用完整性）和用户定义完整性。

1）实体完整性（Entity Integrity）。实体完整性规则要求每个数据表都必须有主键，而作为主键的所有字段，其属性必须是唯一且非空值。

2）参照完整性（Referential Integrity）。现实世界中的实体之间往往存在某种联系，在关系模型中实体及实体间的联系是用关系来描述的，这样自然就存在着关系与关系间的引用。

3）用户定义完整性（User Defined Integrity）。就是针对某一具体的关系数据库的约束条件，反映某一具体应用所涉及的数据必须满足的语义要求，由应用的环境决定。

D 选项应该为参照完整性而不是用户定义完整性。

（6）（7）（8）参考答案 B C C

试题解析　（6）的正确选项为 B。根据题意，零件关系的主键为（零件号，供应商）。

（7）的正确选项为 C。因为关系 P 存在冗余以及插入异常和删除异常等问题。为了解决这些问题需要将零件关系分解。A 选项，B 选项和 D 选项是有损连接的，且不保持函数依赖性，故分解是错误的。分解为 A 选项、B 选项和 D 选项后，用户无法查询某零件由哪些供应商供应。

（8）的正确选项为 C。因为，原零件关系存在非主属性对码的部分函数依赖。根据主键，零件号与供应商可以得出供应商所在地,而有供应商属性本身就可以直接得出供应商所在地,因此零件号属于冗余的属性,原关系模式不满足 2NF。分解后的关系模式零件 1、零件 2 和零件 3 消除了非主属性对码的部分函数依赖,同时不存在传递依赖,故达到 3NF。

(9)(10) **参考答案** C B

试题解析 本题考查关系数据库规范化理论方面的基础知识。

(9)的正确答案是 C。因为根据函数依赖定义,可推出(城市,街道)→U,(邮政编码,街道)→U,所以"城市,街道"和"街道,邮政编码"为候选关键字。

(10)的正确答案是 B。因为根据主属性的定义,"包含在任何一个候选码中的属性称为主属性(Prime attribute),否则称为作非主属性(Nonprime attribute)",所以关系中的 3 个属性都是主属性,而无非主属性。

(11) **参考答案** A

试题解析 本题考查关系代数运算方面的基础知识。

自然连接是一种特殊的等值连接,它要求两个关系中进行比较的分量必须是相同的属性组,并且在结果集中将重复属性列去掉。本试题中 $\sigma_{3=5 \wedge 4=6}(R \times S)$ 的含义是 $R \times S$ 后,选取 R 和 S 关系中 R.C=S.C∧R.D=S.D 的元组,再进行 R.A、R.B、R.C、R.D 和 S.E 的投影关系运算。可见该关系运算表达式与 $R \bowtie S$ 是等价的。

(12)(13) **参考答案** C D

试题解析 用闭包方法求主键,A1A3A4 和 A1A2A4 的闭包都能求出 R 中所有的元素,且满足最小集原则,所以选 C。在判断无损分解时,我们采用公式法:

R1 与 R2 的交集是 A1。R1−R2=A2,R2−R1=A3,由于 A1→A2 和 A1→A3,均不成立,所以有损。

是否保持函数依赖,就看函数依赖两边的属性是否在分解后的关系中都有。

A1A3→A2,A2→A3 都没有被保存下来,所以没有保持函数依赖。

(14)(15) **参考答案** D C

试题解析 本题第(14)空分析:

A 选项的关系代数表达式,错误之处在于选择的两个条件不应为"或"关系。

B 选项的关系代数表达式,错误之处在于 R 与 S 仅做了笛卡儿积的操作,并没有把相同属性列做等值判断。应加上:2=4 及 3=5 的选择条件才对。

C 选项的关系代数表达式,与 B 选项有相同错误,同时投影列号还不正确。

第(15)空分析:选项中几个条件都是正确的,需要选择的其实只是使用 AND 还是 OR 来进行连接。由于进行自然连接以及相关条件判断都是要同时成立的,所以必须都要用 AND 进行连接。

(16) **参考答案** C

试题解析 从已知的一些函数依赖,可以推导出另外一些函数依赖,这就需要一系列推理规则。函数依赖的推理规则最早出现在 1974 年 W.W.Armstrong 的论文里,这些规则常被称作"Armstrong 公理"。

关系模式 R(U,F)的推理规则如下：

自反律（Reflexivity）：若 Y⊆X⊆U，则 X→Y 成立。

增广律（Augmentation）：若 Z⊆U 且 X→Y，则 XZ→YZ 成立。

传递律（Transitivity）：若 X→Y 且 Y→Z，则 X→Z 成立。

根据 A1，A2，A3 这三条推理规则可以得到下列三条推理规则：

合并规则：由 X→Y，X→Z，有 X→YZ。

伪传递规则：由 X→Y，WY→Z，有 XW→Z。

分解规则：由 X→Y，Z⊆Y，有 X→Z。

综上可以得出 C 选项为分解规则。

（17）参考答案 D

试题解析 笛卡儿积是指两个集合之间的每个元素对的组合。若关系 R 有 m 个元组，关系 S 有 n 个元组，那么 R 和 S 的笛卡儿积将包含 R 中的每个元组与 S 中的每个元组的组合，即每一个 R 中的元组都会与 S 中的 n 个元组进行组合。对于 R 中的每个元组，都需要与 S 中的 n 个元组进行组合，所以笛卡儿积将会有 $m×n$ 个元组。

（18）参考答案 A

试题解析 题干 R∩S 表示由同时属于 R 和 S 的元素组成的集合。A 选项中的 R–S 表示由属于 R 但不属于 S 的元素组成的集合，而 R–(R–S)的结果是从集合 R 中移除只属于 R 而不属于 S 的元素，那么剩下的就是同时属于 R 和 S 的元素，这和题干 R∩S 的定义相同。B 选项中 R∪S 表示由属于 R 或属于 S 的元素构成的集合。C 选项中 S–R 表示的是只属于 S，不属于 R 的元素的集合，而 R–(S–R)无法得出结果，R 无法去除本就不在自己集合中的元素。同样，D 选项在求得 R–S 的结果后，求 S–(R–S)得不出答案。

（19）参考答案 B

试题解析 本题求自然连接的笛卡儿积等价表达式，首先笛卡儿积需要选取同名属性列且值相等的元组，本题 A、C 为同属性名，因此需要满足 R.A=S.A 且 R.C=S.C，转换为数字序号则为：1=5∧3=6。而对于选择条件 R.B>S.E，转换为数字序号则为 2>7，综上满足题意的只有 B 选项。

（20）（21）参考答案 C D

试题解析 元组是行，代表记录数。

属性是列，对应数据表的列数。

题目所讲的是自然连接，自然连接的规则是：

1）把参与运算的两个关系模式 R 与 S 的相同名称列找出来，即：B 与 C。

2）针对 R 与 S 做 B 与 C 属性的等值连接。同时两个关系的相同属性只保留 1 个，即两个 B 只保留 1 个，两个 C 也只保留 1 个。

这样产生的结果记录为：

A	B	C	D
6	6	1	5
6	1	5	1
6	1	5	4

关系代数表达式 $\pi_{1,5}(\sigma_{2<5}(R\times S))$ 为笛卡儿积连接，笛卡儿积的目为两者目数相加，即 4+2=6，对应列为：A，R.B，R.C，D，S.B，S.C，也可用数字表示：1，2，3，4，5，6。所以 2<5 就是 R.B<S.B，$\pi_{1,5}$ 就是 $\pi_{A,S.B}$。

（22）**参考答案 C**

试题解析 本题考查的是数据库的基本概念。派生属性是数据库中的衍生数据，是一种特殊属性。派生属性是指可以由其他属性进行计算来获得的属性，如年龄可以由出生日期和系统当前时间计算获得，是派生属性。A 选项、B 选项和 D 选项中都有年龄属性，所以只有 C 选项正确。

注意这里出生日期并不是派生属性，因为年龄和系统当前时间只能计算出生年份，不能准确地计算出日期。

（23）（24）**参考答案 D A**

试题解析 本题考查数据库规范化理论的相关知识。

（23）空选择 D 选项。对于 A 选项，根据 Armstrong 推理分解规则，A→BC，可以得到 A→B，A→C，所以 A 选项的前半句描述是正确的，但根据 A→B，B→D，D→E，此时存在传递函数依赖，所以 A 选项的后半句描述错误，所以 A 选项描述错误。对于 B 选项，无法得到 E→A，故该 B 选项描述错误。对于 C 选项，无法得到 E→A，并且集合中存在传递函数依赖，所以 C 选项描述错误。对于 D 选项，根据 A 选项的分析过程，A→B，B→D，D→E，根据传递律，可以得到 A→D，A→E，B→E，并且存在传递函数依赖，所以 D 选项说法正确。

（24）空选择 A 选项。根据题干描述，原关系模式为：U={A,B,C,D,E}，F={A→BC,B→D,D→E}。将关系 R 分解为 ρ = {R1(U1,F1), R2(U2,F2)}，其中：U1={A,B,C}、U2 = {B,D,E}。首先根据 U1，保留函数依赖 A→BC，然后根据 U2，保留函数依赖 B→D，D→E，因此该分解保持函数依赖。接下来可以利用公式法验证无损分解。U1∩U2=B，U1−U2={A,C}，U2−U1={D,E}，而 R 中存在函数依赖 B→D，B→E，所以该分解是无损分解。

（25）（26）**参考答案 B C**

试题解析 题考查关系代数运算与 SQL 语言的对应关系。（26）题对应题干($\sigma_{1<6}(R\bowtie S)$)，先进行 R 与 S 的自然连接操作，再求"$\sigma_{1<6}$"的选择运算。自然连接运算会将结果集去重复，本题 R 与 S 进行自然连接的结果为：R.A，R.B，R.C，D，E，F，G。在求自然连接结果的过程中会将 R 与 S 中相同字段名做等值连接，也就是进行"R.A=S.A，R.B=S.B，R.C=S.C"的连接运算，连接符号是"AND"，该连接符号的要求是连接的等式都为"真"，之后的"σ"选择运算，根据条件"1<6"，对应的字段为 R.A<F。综合起来答案是"R.A=S.A AND R.B=S.B AND R.C=S.C AND R.A<S.F"。第（25）题进行的是"SELECT"运算，对应题干的"$\pi_{1,2,4,6,7}$"部分，就是将

第（26）题的自然连接结果进行投影运算，根据第（26）题的解析，R 与 S 进行自然连接的结果为：R.A，R.B，R.C，D，E，F，G。题干投影操作条件为"1，2，4，6，7"，投影后结果为：R.A，R.B，D，F，G。

（27）（28）**参考答案 C A**

试题解析 A1A5 的闭包为 U 里所有的元素，同时满足最小集，所以为候选码。（28）空是一个概念性问题，2NF 的规定是消除非主属性对码的部分函数依赖。本题已明确告知未消除该依赖，说明未达到 2NF，只能选 1NF。

（29）**参考答案 B**

试题解析 R 与 S 进行自然连接后，结果属性集为：A，B，C，D，E，F，G。投影操作后，结果为：A，B，D，F。

（30）（31）**参考答案 D C**

试题解析 元组是行，代表记录数。
属性是列，对应数据表的列数。
题目所讲的是自然连接，自然连接的规则是：
1）把参与运算的两个关系模式 R 与 S 的相同名称列找出来，即：C 与 D。
2）针对 R 与 S 做 C 与 D 属性的等值连接。同时两个关系的相同属性只保留 1 个，即两个 C 只保留 1 个，两个 D 也只保留 1 个。
这样产生的结果记录为：

A	B	C	D
6	3	1	5
6	5	7	4
6	3	7	4

关系代数表达式 $\pi_{1,4}(\sigma_{3=6}(R\times S))$ 为笛卡儿积连接，笛卡儿积的目为两者目数相加，即 4+2=6，对应列为：R.A，R.B，R.C，R.D，S.C，S.D，也可用数字表示：1，2，3，4，5，6。对应选项中关系代数表达式中上述的表示方式是等价的，即 3=6 就是 R.C=S.D。

（32）**参考答案 C**

试题解析 A 选项对应的是传递律。B 选项对应的是自反律。C 选项对应的是合并规则。D 选项对应的是分解规则。

（33）（34）（35）**参考答案 B A B**

试题解析 本题考查关系代数运算与 SQL 查询方面的基础知识。

（33）空的正确答案为 B 选项。自然连接 R⋈S 是指 R 与 S 关系中相同属性列名的等值连接运算后，再去掉右边重复的属性列名 S.B、S.C，所以经 R⋈S 运算后的属性列名为：R.A、R.B、R.C、R.D、S.E 和 S.F，共有 6 个属性列。

（34）空的正确答案为 A 选项。$\pi_{1,3,5,6}(\sigma_{3<6}(R\bowtie S))$ 的含义是从 R⋈S 结果集中选取

R.C<S.F 的元组，再进行 R.A、R.C、S.E 和 S.F 投影，故 A 选项是正确的。

（35）空的正确答案为 B 选项。"R,S"表示的是对这两个表进行多表查询，结果是等价于笛卡儿积的，这里并不能直接表示自然连接，需要先把自然连接转换为笛卡儿积才能进行分析，自然连接转换为笛卡儿积时，需要对这两个关系的同名属性列做等值连接，故需要用条件"WHERE R.B=S.B AND R.C=S.C"来限定；又由于在关系表达式中经自然连接 R⋈S 运算后，去掉了右边重复的属性列名 S.B、S.C，使得第三列属性列名和第六列属性列名分别为 R.C、S.F，所以选取运算 σ3<6 需要用条件"WHERE R.C<S.F"来限定。

（36）（37）**参考答案 D D**

试题解析 题目要求分析 R、R1、R2 的范式级别。

R 有函数依赖集 F={A→B,B→C}。由于 A 可确定 B 和 C，所以 A 为主键，单个属性的主键不可能有部分依赖关系，所以 R 已符合 2NF。进一步分析是否为 3NF 时，需要识别 R 中是否存在传递依赖。A→B，B→C 属于典型的传递依赖，所以 R 最高只到 2NF。

当 R 被拆分为 R1 与 R2 后，R1 与 R2 分别只有两个属性，此时的关系模式不可能存在部分依赖，也没法传递依赖（至少三个属性才可能传递），所以都达到了 3NF。

接下来判断是否无损分解，由于：U1∩U2=A，U1−U2=B，U2−U1=C。

而 R 中有函数依赖：A→B，所以分解是无损分解。

最后判断是否保持函数依赖：

R1 中包含 A 与 B 两个属性，所以 A→B 依赖关系被 R1 保持下来了。

而 R2 中的 A 与 C 两个属性，没有保持任何函数依赖，导致函数依赖 B→C 丢失，所以分解没有保持函数依赖。

（38）（39）**参考答案 C B**

试题解析 本题中（38）空要求"DepID 参照部门关系 DEP 的主码 DepID"，实际上就是在创建 EMP 时，将 DepID 定义为外键。其具体定义语法为：Foreign Key(DepID) References DEP(DepID)。

（39）空要求"查询开发部的负责人姓名、年龄"的关系代数表达式，B 选项是先进行 σ(2='开发部'(DEP))运算，即在 DEP 关系中选择部门名 Dname='开发部'的元组；然后将 EMP 关系与其进行 EMP.DepID=DEP.DepID 的自然连接，并去掉右边的重复属性"DEP.DepID"，自然连接后的属性列为(EmpID,Ename,sex,age,tel,DepID,Dname,Dtel,DEmpID)；在此基础上进行 σ(1=9)运算，即进行员工号 EmpID 等于部门负责人号 DEmpID 的选取运算；最后进行属性列 2（Ename）和属性列 4（age）的投影运算。

（40）（41）（42）（43）（44）**参考答案 A B C C A**

试题解析 集合{2,4,6,8,10,15}，将聚集函数 sum 用于该集合时返回和 45；将聚集函数 avg 用于该集合时返回平均值 7.5；将聚集函数 count 用于该集合时返回集合中元数的个数 6；将聚集函数 min 用于该集合时返回最小值 2；将聚集函数 max 用于该集合时返回最大值 15。

6.3 数据库设计

- 数据库设计分为用户需求分析、概念结构设计、___(1)___、物理结构设计、数据库实施和数据库运行和维护阶段。E-R 图在___(2)___阶段形成。模式初始设计、子模式设计属于___(3)___阶段。

  (1) A. 概念模型阶段　　　　　　　B. 逻辑结构设计
  　　 C. 逻辑分析阶段　　　　　　　D. 数据库架构设计
  (2) A. 可行性研究阶段　　　　　　B. 逻辑结构设计
  　　 C. 概念结构阶段　　　　　　　D. 数据库架构设计
  (3) A. 概念模型阶段　　　　　　　B. 逻辑结构设计
  　　 C. 逻辑分析阶段　　　　　　　D. 数据库架构设计

- 对现实事物抽象认识有三种方法分别是分类、聚集和___(4)___。其中___(5)___对现实世界的事物，按照其具有的共同特征和行为，定义一种类型。___(6)___定义某一类型所具有的属性。___(7)___由一种已知类型定义新的类型。

  (4) A. 聚集　　　　B. 概括　　　　C. 总结　　　　D. 组合
  (5) A. 分类　　　　B. 聚集　　　　C. 概括　　　　D. 依赖
  (6) A. 分类　　　　B. 聚集　　　　C. 概括　　　　D. 依赖
  (7) A. 分类　　　　B. 聚集　　　　C. 概括　　　　D. 依赖

- 确定系统边界应在数据库设计的___(8)___阶段进行；关系规范化是在数据库设计的___(9)___阶段进行。

  (8) A. 需求分析　　B. 概念设计　　C. 逻辑设计　　D. 物理设计
  (9) A. 需求分析　　B. 概念设计　　C. 逻辑设计　　D. 物理设计

- 数据库概念结构设计阶段的工作步骤依次为___(10)___。

  (10) A. 设计局部视图→抽象数据→修改重构消除冗余→合并取消冲突
  　　　B. 设计局部视图→抽象数据→合并取消冲突→修改重构消除冗余
  　　　C. 抽象数据→设计局部视图→合并取消冲突→修改重构消除冗余
  　　　D. 抽象数据→设计局部视图→修改重构消除冗余→合并取消冲突

- 某企业开发信息管理系统平台进行 E-R 图设计，人力部门定义的是员工实体具有属性：员工号、姓名、性别、出生日期、联系方式和部门；培训部门定义的培训师实体具有属性：培训师号、姓名和职称，其中职称={初级培训师,中级培训师,高级培训师}，这种情况属于___(11)___。在合并 E-R 图时，解决这一冲突的方法是___(12)___。

  (11) A. 属性冲突　　B. 结构冲突　　C. 命名冲突　　D. 实体冲突
  (12) A. 员工实体和培训师实体均保持不变
  　　　B. 保留员工实体，删除培训师实体

C．在员工实体中加入职称属性，剔除培训师实体

D．将培训师实体所有属性并入员工实体，删除培训师实体

- ___(13)___ 是加速读操作性能（数据检索）的方法，一般用这种方法有选择地在数据结构标准化后添加特定的冗余数据实例。常见的做法有冗余列、___(14)___、表重组和表分割。但是此方法却形成了数据冗余，为解决数据冗余带来的数据不一致性问题，设计人员往往需要额外采用___(15)___的方法来解决这种数据不一致性问题。常见的方法有应用程序同步、批量处理同步和___(16)___等。

  (13) A．反规范化　　B．数据同步　　C．存储过程　　D．派生列

  (14) A．反规范化　　B．数据同步　　C．存储过程　　D．派生列

  (15) A．触发器同步　B．数据同步　　C．存储过程　　D．派生列

  (16) A．触发器同步　B．数据同步　　C．存储过程　　D．派生列

- 数据库物理设计阶段的工作步骤依次为___(17)___。

  (17) A．存储结构→访问方式→确定数据 DFD 图

  　　　B．设计局部视图→抽象数据→合并取消冲突

  　　　C．存储结构→访问方式→确定数据分布

  　　　D．确定数据分布→存储结构→访问方式

答案及解析

(1)(2)(3) 参考答案　B C B

试题解析　一般将数据库设计分为如下六个阶段。

1）用户需求分析。数据库设计人员采用一定的辅助工具对应用对象的功能、性能、限制等要求进行科学的分析。

2）概念结构设计。概念结构设计是对信息进行分析和定义，如视图模型化、视图分析和汇总。对应用对象精确地抽象、概括而形成独立于计算机系统的企业信息模型。描述概念模型的较理想的工具是 E-R 图。

3）逻辑结构设计。将抽象的概念模型转化为与选用的 DBMS 产品所支持的数据模型相符合的逻辑模型，它是物理结构设计的基础。包括模式初始设计、子模式设计、应用程序设计、模式评价以及模式求精。

4）物理结构设计。是逻辑模型在计算机中的具体实现方案。

5）数据库实施阶段。数据库设计人员根据逻辑设计和物理设计阶段的结果建立数据库，编制与调试应用程序，组织数据入库，并进行试运行。

6）数据库运行和维护阶段。数据库应用系统经过试运行即可投入运行，但该阶段需要不断地对系统进行评价、调整与修改。

(4)(5)(6)(7) 参考答案　B A B C

试题解析 对现实事物抽象认识有三种方法分别是分类、聚集和概括。其中分类是对现实世界的事物，按照其具有的共同特征和行为，定义一种类型。聚集定义某一类型所具有的属性。概括由一种已知类型定义新的类型。

（8）（9）**参考答案 A C**

试题解析 需求分析阶段的任务是对现实世界要处理的对象（组织、部门、企业等）进行详细调查，在了解现行系统的概况、确定新系统功能的过程中，确定系统边界、收集支持系统目标的基础数据及其处理方法。

逻辑设计阶段的任务之一是对关系模式进一步地规范化处理。因为生成的初始关系模式并不能完全符合要求，还会有数据冗余、更新异常存在，这就需要根据规范化理论对关系模式分解之后，消除冗余和更新异常。不过有时根据处理要求，可能还需要增加部分冗余以满足处理要求。逻辑设计阶段的任务就需要对部分关系模式进行处理，分解、合并或增加冗余属性，提高存储效率和处理效率。

（10）**参考答案 C**

试题解析 本题考查的是数据库概念结构设计具体步骤。题目选项所展示的四个步骤中，有两个是我们熟知的：设计局部视图和合并取消冲突。所以解题的关键点是分析清楚另外两个步骤到底完成什么任务。从题目选项来看，无非是分析抽象数据与设计局部视图谁先谁后，以及合并取消冲突与修改重构消除冗余谁先谁后的问题。

抽象数据是将实际数据的特征提取出来以便建立模型，所以抽象数据应在设计局部视图之前。而修改重构消除冗余应在合并取消冲突之后，因为重构往往意味着在调优，调优是需要先有雏形的。

（11）（12）**参考答案 B C**

试题解析 E-R 图集成时产生的冲突及解决办法如下：

属性冲突：包括属性域冲突和属性取值冲突。

命名冲突：包括同名异义和异名同义。

结构冲突：包括同一对象在不同应用中具有不同的抽象，以及同一实体在不同局部 E-R 图中所包含的不完全相同的属性个数和属性排列次序。

本题中培训师属于员工的一种，所以不应该抽象为两个不同实体，这个冲突属于结构冲突，解决方案是在员工实体中加入职称属性，剔除培训师实体。

（13）（14）（15）（16）**参考答案 A D B A**

试题解析 反规范化是加速读操作性能（数据检索）的方法，一般用这种方法有选择地在数据结构标准化后添加特定的冗余数据实例。常见的反规范化操作有冗余列、派生列、表重组和表分割，其中表分割又分为水平分割和垂直分割。由于反规范化形成了数据冗余，为解决数据冗余带来的数据不一致性问题，设计人员往往需要额外采用数据同步的方法来解决这种数据不一致性问题。常见的方法有应用程序同步、批量处理同步和触发器同步等。

（17）**参考答案 D**

试题解析 一般来说，物理设计的主要工作步骤包括确定数据分布、存储结构和访问方式。

6.4 应用程序与数据库的交互

- 下列不属于应用程序与数据库的数据交互方式的是___(1)___。Oracle 数据库的 Oracle 调用接口（Oracle Call Interface，OCI）属于___(2)___。

  （1）A．库函数　　　　　B．嵌入式 SQL　　　C．对象关系映射　　　D．企业服务总线

  （2）A．库函数　　　　　B．嵌入式 SQL　　　C．对象关系映射　　　D．企业服务总线

- 下列说法正确的是___(3)___。

  （3）A．对象关系映射（Object Relational Mapping，ORM）是一种程序设计技术，用于实现结构化编程语言里不同类型系统数据之间的转换

  　　　B．Hibernate 是半自动的框架，强大、复杂、笨重、学习成本较高

  　　　C．MyBatis 是全自动的框架

  　　　D．JPA（Java Persistence API）是通过 JDK 5.0 注解或 XML 描述对象-关系表的映射关系，是 Java 自带的框架

答案及解析

（1）（2）**参考答案 D A**

试题解析 常见应用程序与数据库的数据交互方式有库函数、嵌入式 SQL、通用数据接口标准和对象关系映射等。企业服务总线不属于。Oracle 数据库的 Oracle 调用接口（Oracle Call Interface，OCI）属于库函数。

（3）**参考答案 D**

试题解析 对象关系映射（Object Relational Mapping，ORM）是一种程序设计技术，用于实现面向对象编程语言里不同类型系统数据之间的转换。典型的 ORM 框架有 Hibernate、MyBatis 和 JPA 等。

Hibernate：全自动的框架，强大、复杂、笨重、学习成本较高。

MyBatis：半自动的框架。

JPA（Java Persistence API）：JPA 通过 JDK 5.0 注解或 XML 描述对象-关系表的映射关系，是 Java 自带的框架。

6.5 NoSQL 数据库

- NoSQL 数据库的四大分类是指___(1)___。其中 HBase 属于___(2)___。Redis 属于___(3)___。

  （1）A．键值存储数据库，列存储数据库，文档型数据库，关系型数据库

  　　　B．列存储数据库，文档型数据库，关系型数据库，分布式数据库

C. 键值存储数据库，列存储数据库，文档型数据库，图数据库

D. 列存储数据库，文档型数据库，关系型数据库，图数据库

(2) A. 键值存储数据库 　　　　　　B. 列存储数据库

　C. 文档型数据库　　　　　　　　D. 图数据库

(3) A. 键值存储数据库 　　　　　　B. 列存储数据库

　C. 文档型数据库　　　　　　　　D. 图数据库

- NoSQL 整体框架分为四层，由下至上分别为数据持久层、数据分布层、数据逻辑模型层和___(4)___。___(5)___定义了数据的存储形式。___(6)___定义了数据是如何分布的。___(7)___表述了数据的逻辑表现形式。

  (4) A. 数据接口层　　　　　　　　B. 数据物理模型层

  　C. 数据分片层　　　　　　　　　D. 数据存储

  (5) A. 数据持久层　　　　　　　　B. 数据分布层

  　C. 数据逻辑模型层　　　　　　　D. 数据接口层

  (6) A. 数据持久层　　　　　　　　B. 数据分布层

  　C. 数据逻辑模型层　　　　　　　D. 数据接口层

  (7) A. 数据持久层　　　　　　　　B. 数据分布层

  　C. 数据逻辑模型层　　　　　　　D. 数据接口层

- 不适用于 NoSQL 数据库的是___(8)___。

  (8) A. 数据模型比较简单

  　B. 需要灵活性更强的 IT 系统

  　C. 对数据库性能要求较低

  　D. 不需要高度的数据一致性；对于给定 key，比较容易映射复杂值的环境

答案及解析

(1)(2)(3) **参考答案 C B A**

试题解析 NoSQL 数据库的四大分类是指键值存储数据库，列存储数据库，文档型数据库，图数据库。其中 HBase 属于列存储数据库。Redis 属于键值存储数据库。

(4)(5)(6)(7) **参考答案 A A B C**

试题解析 NoSQL 整体框架分为四层，由下至上分别为数据持久层、数据分布层、数据逻辑模型层和数据接口层，层次之间相辅相成，协调工作。

1) 数据持久层定义了数据的存储形式，主要包括基于内存、基于硬盘、内存和硬盘相结合、订制可插拔四种形式。基于内存形式的数据存取速度最快，但可能会造成数据丢失；基于硬盘的数据存储可能保存很久，但存取速度慢于基于内存形式的数据；内存和硬盘相结合的形式，结合了前两种形式的优点，既保证了速度，又保证了数据不丢失；订制可插拔则保证了数据存取具有较高的

灵活性。

2）数据分布层定义了数据是如何分布的，相对于关系型数据库，NoSQL 可选的机制比较多，主要有三种形式：一是 CAP 支持，可用于水平扩展；二是多数据中心支持，可以保证在横跨多数据中心时也能够平稳运行；三是动态部署支持，可以在运行着的集群中动态地添加或删除节点。

3）数据逻辑层表述了数据的逻辑表现形式。

4）数据接口层为上层应用提供了方便的数据调用接口，提供的选择远多于关系型数据库。接口层提供了五种选择：Rest、Thrift、Map/Reduce、Get/Put、特定语言 API，使得应用程序和数据库的交互更加方便。

（8）**参考答案** C

试题解析 NoSQL 数据库在下列情况中比较适用：

- 数据模型比较简单。
- 需要灵活性更强的 IT 系统。
- 对数据库性能要求较高。
- 不需要高度的数据一致性；对于给定 key，比较容易映射复杂值的环境。

第7章 系统架构设计基础知识

7.1 软件架构概念

- 软件体系结构的设计通常考虑到设计金字塔中的两个层次是___(1)___。
  - （1）A. 数据设计和功能设计　　　　　　B. 数据设计和体系结构设计
  　　　C. 功能设计和性能设计　　　　　　D. 数据设计和安全设计
- 在软件架构设计中，模型转换的可追踪性可以通过___(2)___方式来维护。
  - （2）A. 词法分析　　　　　　　　　　　B. 经验规则
  　　　C. 表格或 Use Case Map　　　　　　D. 程序设计语言元素
- ADL 与其他建模语言的主要区别是___(3)___。
  - （3）A. ADL 强调构件的重要性　　　　　B. ADL 重视构件间的连接子
  　　　C. ADL 专注于程序代码的生成　　　D. ADL 用于动态软件体系结构
- 多视图表示在软件架构设计中的作用是___(4)___。
  - （4）A. 增加设计的复杂性　　　　　　　B. 体现关注点分离的思想
  　　　C. 仅从单一视角描述系统　　　　　D. 限制系统相关人员的交流
- 在构件组装阶段，通过___(5)___方式可以支持可复用构件的互联。
  - （5）A. 引入程序设计语言元素　　　　　B. 模型转换技术
  　　　C. 中间件平台的支持　　　　　　　D. 封装底层实现细节
- 动态软件体系结构的研究内容主要包括___(6)___。
  - （6）A. 体系结构设计阶段的支持和运行时刻基础设施的支持
  　　　B. 软件内部执行导致的体系结构改变和软件系统外部请求的重配置
  　　　C. 体系结构的静态性和动态性
  　　　D. 软件的在线演化和自适应

答案及解析

（1）**参考答案 B**

试题解析 软件体系结构的设计通常考虑到设计金字塔中的两个层次——数据设计和体系结构设计。数据设计体现传统系统中体系结构的数据构件和面向对象系统中类的定义(封装了属性和操作)，体系结构设计则主要关注软件构件的结构、属性和交互作用。

（2）**参考答案 C**

试题解析 在软件架构设计中，模型转换的可追踪性主要通过表格或 Use Case Map 等方式来维护，这有助于确保从需求模型到体系结构模型的转换过程中信息的一致性和可追溯性。

（3）**参考答案 B**

试题解析 体系结构描述语言（Architecture Description Language，ADL）的一个显著特征是其对构件间连接子的重视，这成为区分 ADL 和其他建模语言的重要标志。

（4）**参考答案 B**

试题解析 多视图表示作为描述软件架构的重要途径，通过从不同视角描述特定系统的体系结构，体现了关注点分离的思想，有助于系统相关人员关注系统的特定方面。

（5）**参考答案 C**

试题解析 在构件组装阶段，中间件平台遵循特定的构件标准，为构件互联提供支持，并提供公共服务，如安全服务、命名服务等，从而有效地支持可复用构件的互联。

（6）**参考答案 A**

试题解析 动态软件体系结构研究主要分为两个部分：体系结构设计阶段的支持，包括变化的描述、修改策略的生成等；运行时刻基础设施的支持，包括体系结构的维护、修改的可行性分析等。

7.2 基于架构的软件开发方法

- ABSD 方法中的设计活动可以在需求抽取和分析还没有完成时开始，这意味着___(1)___。
  - （1）A．需求抽取和分析活动可以终止
    - B．需求抽取和分析活动应该与设计活动并行
    - C．软件设计可以忽略需求抽取和分析
    - D．设计活动可以独立进行
- ABSD 方法的三个基础不包括___(2)___。
  - （2）A．功能的分解　　　　　　　　B．选择体系结构风格
    - C．软件模板的使用　　　　　　D．详细的编码规范
- ABSD 方法的设计过程具有___(3)___两个特点。
  - （3）A．递归和并行　　B．递归和迭代　　C．并行和迭代　　D．单次和并行

- 在ABSD方法中，视角与视图用于全方位考虑体系结构设计，___(4)___视角用于展示并发行为。

  （4）A．逻辑视图　　　B．进程视图　　　C．实现视图　　　D．配置视图

- 用例和质量场景在ABSD方法中分别用于捕获___(5)___。

  （5）A．功能需求和性能需求　　　　B．性能需求和功能需求

  　　　C．功能需求和质量需求　　　　D．质量需求和功能需求

- 在ABSD方法中，选择体系结构风格的主要目的是实现___(6)___。

  （6）A．安全需求　　　　　　　　　B．业务需求

  　　　C．质量和商业需求　　　　　　D．用户需求

- 在ABSD方法的体系结构需求过程中，需求获取的来源不包括___(7)___。

  （7）A．系统的质量目标　　　　　　B．系统的商业目标

  　　　C．系统开发人员的商业目标　　D．系统的编码标准

- 在ABSD方法中，体系结构的实现的主要步骤包括___(8)___。

  （8）A．设计、编码、测试　　　　　B．复审、文档化、测试

  　　　C．标识构件、测试、交付　　　D．构件开发、组装、测试

- ABSD方法强调设计活动的开始并不意味着需求抽取和分析活动的终止，这特别适用于___(9)___。

  （9）A．小型系统　　　　　　　　　B．短期项目

  　　　C．产品线系统或长期运行的系统　D．单用户系统

- 在层次型体系结构风格中，每一层为上层提供服务，并作为下层的客户，这种系统中构件在层上实现了___(10)___。

  （10）A．数据流　　　B．事件驱动　　　C．虚拟机　　　D．规则系统

答案及解析

（1）**参考答案 B**

试题解析　设计活动的开始并不意味着需求抽取和分析活动就可以终止，而是应该与设计活动并行进行。

（2）**参考答案 D**

试题解析　ABSD方法的三个基础是功能的分解、通过选择体系结构风格来实现质量和商业需求、软件模板的使用。

（3）**参考答案 B**

试题解析　ABSD方法是递归且迭代的，每一个步骤都是清晰定义的。

（4）**参考答案 B**

试题解析　展示并发行为的动态视角能判断系统行为特性，进程视图属于这种动态视角。

（5）**参考答案** C

试题解析 用例用于捕获功能需求，质量场景用于捕获质量需求。

（6）**参考答案** C

试题解析 通过选择体系结构风格来实现质量和商业需求。

（7）**参考答案** D

试题解析 体系结构需求一般来自系统的质量目标、系统的商业目标和系统开发人员的商业目标。

（8）**参考答案** D

试题解析 体系结构的实现过程包括构件开发、组装和测试。

（9）**参考答案** C

试题解析 特别是在不可能预先决定所有需求时（例如，产品线系统或长期运行的系统），快速开始设计是至关重要的。

（10）**参考答案** C

试题解析 在层次型体系结构风格中，构件在层上实现了虚拟机。

7.3 软件架构风格

- 软件体系结构风格是描述某一特定应用领域中系统组织方式的惯用模式。下列关于软件体系结构风格的叙述，正确的是___（1）___。

  （1）A．体系结构风格不包括词汇表和约束

  B．体系结构风格的主要目标是实现硬件资源的共享

  C．体系结构风格反映了领域中众多系统所共有的结构和语义特性

  D．体系结构风格主要用于优化系统性能

- 数据流体系结构风格主要包括批处理风格和___（2）___。

  （2）A．客户/服务器风格　　　　　　B．管道-过滤器风格

  C．虚拟机风格　　　　　　　　D．事件驱动风格

- 在批处理体系结构风格中，每个处理步骤是一个单独的程序，每一步必须在前一步结束后才能开始，并且数据必须是___（3）___。

  （3）A．按块传递　　B．按行传递　　C．按列传递　　D．整体传递

- 当数据源源不断地产生时，系统需要对这些数据进行若干处理。这时适合采用___（4）___体系结构风格。

  （4）A．批处理　　　　　　　　　　B．管道-过滤器

  C．客户/服务器　　　　　　　　D．层次型

- 调用/返回体系结构风格中，不属于调用/返回体系结构风格的是___（5）___。

  （5）A．主程序/子程序风格　　　　　B．面向对象风格

　　　　C．层次型风格　　　　　　　　　D．数据流风格
- 客户/服务器体系结构风格中，两层C/S结构有三个主要组成部分：数据库服务器、___(6)___和网络。
　　（6）A．应用服务器　　　　　　　　B．客户应用程序
　　　　　C．数据库管理系统　　　　　　D．图形用户界面
- 在以数据为中心的体系结构风格中，仓库风格的中央数据结构主要说明___(7)___。
　　（7）A．当前数据的状态　　　　　　B．数据传输的协议
　　　　　C．用户界面的布局　　　　　　D．系统的安全性
- ___(8)___体系结构风格适用于解决复杂的非结构化的问题，如语音识别。
　　（8）A．虚拟机　　　　　　　　　　B．黑板
　　　　　C．客户/服务器　　　　　　　D．层次型
- 解释器体系结构风格的一个缺点是___(9)___。
　　（9）A．无法处理并发任务　　　　　B．执行效率较低
　　　　　C．不支持模块化　　　　　　　D．依赖特定硬件
- 基于规则的系统主要包括规则集、规则解释器、规则/数据选择器及___(10)___。
　　（10）A．数据库　　　　　　　　　　B．中央处理器
　　　　　 C．工作内存　　　　　　　　　D．用户接口
- 独立构件体系结构风格主要强调系统中的每个构件都是相对独立的个体，它们之间的通信方式通常是___(11)___。
　　（11）A．直接调用　　B．共享内存　　C．消息传递　　D．文件传输
- 事件系统风格的主要特点是___(12)___。
　　（12）A．构件之间有严格的依赖关系
　　　　　 B．事件的触发者并不知道哪些构件会被这些事件影响
　　　　　 C．系统中的所有事件都必须同步触发
　　　　　 D．构件之间通过直接调用进行交互
- 在编程环境中用于集成各种工具，确保数据一致性约束的应用系统通常采用___(13)___体系结构风格。
　　（13）A．管道-过滤器　　　　　　　　B．黑板
　　　　　 C．事件系统　　　　　　　　　D．层次型

答案及解析

（1）参考答案 C

试题解析　体系结构风格反映了领域中众多系统所共有的结构和语义特性，并指导如何将各个模块和子系统有效地组织成一个完整的系统。

（2）**参考答案** B

试题解析　数据流体系结构风格主要包括批处理风格和管道-过滤器风格。

（3）**参考答案** D

试题解析　在批处理体系结构风格中，数据必须是完整的，以整体的方式传递。

（4）**参考答案** B

试题解析　当数据源源不断地产生时，适合采用管道-过滤器体系结构风格。

（5）**参考答案** D

试题解析　数据流风格不属于调用/返回体系结构风格，两者是并列关系而非包含关系。

（6）**参考答案** B

试题解析　两层 C/S 结构有三个主要组成部分：数据库服务器、客户应用程序和网络。

（7）**参考答案** A

试题解析　仓库风格的中央数据结构主要说明当前数据的状态。

（8）**参考答案** B

试题解析　黑板体系结构风格适用于解决复杂的非结构化的问题，如语音识别。

（9）**参考答案** B

试题解析　解释器体系结构风格的一个缺点是执行效率较低。

（10）**参考答案** C

试题解析　基于规则的系统包括规则集、规则解释器、规则/数据选择器及工作内存。

（11）**参考答案** C

试题解析　独立构件体系结构风格中，构件之间通常通过消息传递进行通信。

（12）**参考答案** B

试题解析　事件系统风格的主要特点是事件的触发者并不知道哪些构件会被这些事件影响。

（13）**参考答案** C

试题解析　在编程环境中用于集成各种工具，确保数据一致性约束的应用系统通常采用事件系统体系结构风格。

7.4　软件架构复用

- 软件产品线是指一组共享公共特性集的软件密集型系统，它们通过复用___（1）___开发出来。
    - （1）A．单独的功能模块　　　　　　　B．公共的核心资产
    　　　　C．独立的代码片段　　　　　　　D．不同的开发工具
- 软件架构复用的类型包括机会复用和___（2）___。
    - （2）A．部分复用　　B．系统复用　　C．全部复用　　D．模块复用
- 下列不属于软件架构复用的对象的是___（3）___。
    - （3）A．需求　　　　B．项目规划　　C．用户手册　　D．硬件配置

- 下列关于机会复用和系统复用的叙述中，错误的是___（4）___。
  - （4）A．机会复用是在开发过程中发现可复用的资产并进行复用
    - B．系统复用是在开发之前进行规划，以决定哪些资产需要复用
    - C．机会复用比系统复用更系统化
    - D．系统复用能够更好地提高开发效率
- 下列关于软件架构复用的对象的叙述中，正确的是___（5）___。
  - （5）A．架构设计可以复用，但测试用例不能复用
    - B．需求和架构设计都可以作为复用对象
    - C．项目规划可以复用，但元素不能复用
    - D．人员不能作为复用对象
- 在复用资产的管理阶段，构件库主要用于___（6）___。
  - （6）A．存储和管理可复用构件　　　　B．记录用户需求
    - C．分析软件性能　　　　　　　　D．生成测试用例
- 在软件架构复用的过程中，关键问题之一是构件检索，另一个关键问题是___（7）___。
  - （7）A．构件开发　　B．构件集成　　C．构件分类　　D．构件测试
- 软件架构复用有助于提高产品质量，使其具有更好的___（8）___。
  - （8）A．可扩展性　　B．互操作性　　C．安全性　　D．易用性
- 在复用的基本过程中，最后一个阶段是通过获取需求，检索复用资产库，获取可复用资产，并___（9）___。
  - （9）A．测试这些资产　　　　　　　B．定制这些资产
    - C．文档化这些资产　　　　　　　D．归档这些资产
- 软件复用是一种系统化的软件开发过程，通过识别、开发、分类、获取和___（10）___软件实体，在不同的软件开发过程中重复使用它们。
  - （10）A．测试　　　　B．维护　　　　C．修改　　　　D．部署

答案及解析

（1）参考答案 B
试题解析　软件产品线通过复用公共的核心资产集成开发出来。

（2）参考答案 B
试题解析　软件架构复用的类型包括机会复用和系统复用。

（3）参考答案 D
试题解析　软件架构复用的对象不包括硬件配置。

（4）参考答案 C
试题解析　机会复用不如系统复用系统化。

（5）**参考答案** B

试题解析 软件架构可以复用的对象十分广泛，有需求、架构设计、元素、建模与分析、测试、项目规划、过程、方法和工具、人员、样本系统、缺陷消除。

（6）**参考答案** A

试题解析 构件库主要用于存储和管理可复用构件。

（7）**参考答案** C

试题解析 在软件架构复用的过程中，关键问题之一是构件检索，另一个关键问题是构件分类。

（8）**参考答案** B

试题解析 软件架构复用有助于提高产品质量，使其具有更好的互操作性。

（9）**参考答案** B

试题解析 在复用的基本过程中，最后一个阶段是获取需求，检索复用资产库，获取可复用资产，并定制这些资产。

（10）**参考答案** C

试题解析 软件复用是一种系统化的软件开发过程，通过识别、开发、分类、获取和修改软件实体，在不同的软件开发过程中重复使用它们。

7.5 特定领域软件体系结构

- 下列关于特定领域软件体系结构（Domain Specific Software Architecture，DSSA）的描述，正确的是___（1）___。
  （1）A．DSSA 仅用于单个应用系统的设计
  　　B．DSSA 是专用于特定任务领域的一组构件集合
  　　C．DSSA 是通用的软件架构
  　　D．DSSA 只能用于垂直领域
- DSSA 的一个必备特征是___（2）___。
  （2）A．具有广泛的适应性
  　　B．适用于所有领域
  　　C．没有固定的需求
  　　D．对整个领域的构件组织模型的恰当抽象
- 在 DSSA 的理解中，从功能覆盖范围的角度，垂直域定义了___（3）___。
  （3）A．一个特定的系统族　　　　　　B．多个系统族的共有部分
  　　C．一个单一的系统　　　　　　　D．独立的功能模块
- 在 DSSA 的实施过程中，领域分析的主要目标是___（4）___。
  （4）A．确定系统的硬件需求　　　　　B．获得领域模型
  　　C．开发领域特定的应用　　　　　D．验证系统的一致性

- 领域设计阶段的主要目标是___（5）___。
  - （5）A．完成领域的边界定义　　　　　B．获得 DSSA
  　　　C．进行系统测试　　　　　　　　D．验证领域模型的准确性
- 领域实现阶段的主要目标是___（6）___。
  - （6）A．确定领域的需求　　　　　　　B．选择样本系统
  　　　C．组织可重用信息　　　　　　　D．开发领域模型
- 参与 DSSA 的人员角色中，负责控制领域分析过程的是___（7）___。
  - （7）A．领域专家　　　　　　　　　　B．领域设计人员
  　　　C．领域分析人员　　　　　　　　D．领域实现人员
- 领域设计人员的主要任务包括___（8）___。
  - （8）A．控制整个软件设计过程　　　　B．编写用户手册
  　　　C．进行市场分析　　　　　　　　D．选择领域专家
- 领域实现人员的主要任务包括___（9）___。
  - （9）A．编写测试用例　　　　　　　　B．从现有系统中提取可重用构件
  　　　C．进行需求分析　　　　　　　　D．选择项目管理工具
- 在 DSSA 的建立过程中，第一个阶段的重点是___（10）___。
  - （10）A．定义领域特定的设计需求　　　B．定义领域范围
  　　　 C．收集可重用的产品单元　　　　D．生成领域模型
- 在 DSSA 的建立过程中，领域字典和术语同义词词典是在___（11）___阶段编译的。
  - （11）A．定义领域范围　　　　　　　　B．定义领域特定的元素
  　　　 C．定义领域特定的设计和实现需求　D．定义领域模型和体系结构
- DSSA 的三层次系统模型包括领域开发环境、领域特定的应用开发环境和___（12）___。
  - （12）A．用户界面　　　　　　　　　　B．数据库管理系统
  　　　 C．应用执行环境　　　　　　　　D．网络架构

答案及解析

（1）**参考答案** B
试题解析　DSSA 是专用于一类特定类型的任务（领域）的一组构件集合。

（2）**参考答案** D
试题解析　DSSA 的必备特征之一是对整个领域的构件组织模型的恰当抽象。

（3）**参考答案** A
试题解析　在 DSSA 的理解中，从功能覆盖范围的角度，垂直域定义了一个特定的系统族，包含整个系统族内的多个系统。

（4）**参考答案** B

试题解析 领域分析的主要目标是获得领域模型。

（5）**参考答案** B

试题解析 领域设计阶段的主要目标是获得 DSSA。

（6）**参考答案** C

试题解析 领域实现阶段的主要目标是依据领域模型和 DSSA 开发并组织可重用信息。

（7）**参考答案** C

试题解析 领域分析人员负责控制整个领域分析过程。

（8）**参考答案** A

试题解析 领域设计人员的主要任务包括控制整个软件设计过程。

（9）**参考答案** B

试题解析 领域实现人员的主要任务包括从现有系统中提取可重用构件。

（10）**参考答案** B

试题解析 DSSA 的建立过程的第一个阶段是定义领域范围。

（11）**参考答案** B

试题解析 领域字典和术语同义词词典是在定义领域特定的元素阶段编译的。

（12）**参考答案** C

试题解析 DSSA 的三层次系统模型包括领域开发环境、领域特定的应用开发环境和应用执行环境。

第8章 系统质量属性与架构评估

8.1 软件系统质量属性

- 基于软件系统的生命周期,可以将软件系统的质量属性分为开发期质量属性和运行期质量属性两个部分。下列选项中不属于开发期质量属性的是___(1)___。

  (1)A. 鲁棒性　　　　B. 可扩展性　　　C. 可维护性　　　D. 可移植性

- 基于软件系统的生命周期,可以将软件系统的质量属性分为开发期质量属性和运行期质量属性两个部分。下列选项中不属于运行期质量属性的是___(2)___。

  (2)A. 性能　　　　　B. 互操作性　　　C. 安全性　　　　D. 可测试性

- 性能是指系统的响应能力,即要经过多长时间才能对某个事件做出响应,或者在某段时间内系统所能处理的事件的个数。经常用___(3)___来对性能进行定量表示。

  (3)A. 单位时间内系统接收到的请求数或单位时间内系统返回的响应数
  　　B. 单位时间内所处理请求的数量或系统完成某个请求处理的时间
  　　C. 单位时间内所处理事务的数量或系统完成某个事务处理所需的时间
  　　D. 单位时间内所处理的并发数或系统承载的并发上限

- 可修改性是指能够快速地以较高的性价比对系统进行变更的能力。下列选项中不属于可修改性的范畴的是___(4)___。

  (4)A. 结构重组　　　B. 可变性　　　　C. 可扩展性　　　D. 可移植性

- 质量属性场景是一种面向特定质量属性的需求。下列选项中不属于质量属性场景的组成部分的是___(5)___。

  (5)A. 应用　　　　　B. 刺激源　　　　C. 环境　　　　　D. 响应度量

答案及解析

（1）参考答案 A

试题解析 基于软件系统的生命周期，可以将软件系统的质量属性分为开发期质量属性和运行期质量属性两个部分。

开发期质量属性主要指在软件开发阶段所关注的质量属性，主要包含六个方面。

1) 易理解性：指设计被开发人员理解的难易程度。
2) 可扩展性：软件因适应新需求或需求变化而增加新功能的能力，也称为灵活性。
3) 可重用性：指重用软件系统或某一部分的难易程度。
4) 可测试性：对软件测试以证明其满足需求规范的难易程度。
5) 可维护性：当需要修改缺陷、增加功能、提高质量属性时，识别修改点并实施修改的难易程度。
6) 可移植性：将软件系统从一个运行环境转移到另一个不同的运行环境的难易程度。

（2）参考答案 D

试题解析 运行期质量属性主要指在软件运行阶段所关注的质量属性，主要包含七个方面。

1) 性能：指软件系统及时提供相应服务的能力，如速度、吞吐量和容量等的要求。
2) 安全性：指软件系统同时兼顾向合法用户提供服务，以及阻止非授权使用的能力。
3) 可伸缩性：指当用户数和数据量增加时，软件系统维持高服务质量的能力。例如，通过增加服务器来提高能力。
4) 互操作性：指本软件系统与其他系统交换数据和相互调用服务的难易程度。
5) 可靠性：软件系统在一定的时间内持续无故障运行的能力。
6) 可用性：指系统在一定时间内正常工作的时间所占的比例。可用性会受到系统错误、恶意攻击、高负载等问题的影响。
7) 鲁棒性：指软件系统在非正常情况（如用户进行了非法操作、相关的软硬件系统发生了故障等）下仍能正常运行的能力，也称健壮性或容错性。

（3）参考答案 C

试题解析 性能是指系统的响应能力，即要经过多长时间才能对某个事件做出响应，或者在某段时间内系统所能处理的事件的个数。经常用单位时间内所处理事务的数量或系统完成某个事务处理所需的时间来对性能进行定量表示。性能测试经常要使用基准测试程序。

（4）参考答案 B

试题解析 可修改性是指能够快速地以较高的性价比对系统进行变更的能力，通常以某些具体的变更为基准，通过考查这些变更的代价来衡量可修改性。可修改性包含以下四个方面。

1) 可维护性。这主要体现在问题的修复上，在错误发生后"修复"软件系统。可维护性好的软件架构往往能做局部性的修改并能使对其他构件的负面影响最小化。

2）可扩展性。这一点关注的是使用新特性来扩展软件系统，以及使用改进版本方式替换构件并删除不需要或不必要的特性和构件。为了实现可扩展性，软件系统需要松散耦合的构件，其目标是实现一种架构，能使开发人员在不影响构件客户的情况下替换构件。把新构件集成到现有的架构中也是必要的。

3）结构重组。这一点处理的是重新组织软件系统的构件及构件间的关系，如通过将构件移动到一个不同的子系统而改变它的位置。为了支持结构重组，软件系统需要精心设计构件之间的关系。在理想情况下，它们允许开发人员在不影响实现的主体部分的情况下灵活地配置构件。

4）可移植性。可移植性使软件系统适用于多种硬件平台、用户界面、操作系统、编程语言或编译器。为了实现可移植，需要按照硬件、软件无关的方式组织软件系统。可移植性是系统能够在不同计算环境下运行的能力，这些环境可能是硬件、软件，也可能是两者的结合。如果移植到新的系统需要做适当更改，则该可移植性就是一种特殊的可修改性。

（5）**参考答案 A**

试题解析 质量属性场景是一种面向特定质量属性的需求，由六部分组成：

刺激源：某个生成该刺激的实体（如人、计算机系统或者任何其他刺激器）。

刺激：该刺激是当刺激到达系统时需要考虑的条件。

环境：该刺激在某些条件内发生。当激励发生时，系统可能处于过载运行或者其他情况。

制品：某个制品被激励。这可能是整个系统，也可能是系统的一部分。

响应：响应是在激励到达后所采取的行动。

响应度量：当响应发生时，应当能够以某种方式对其进行度量，以对需求进行测试。

8.2 系统架构评估

- 系统架构评估的方法通常可以分为三类。下列不属于系统架构评估的方法的是___（1）___。

  （1）A．基于调查问卷或检查表的方法　　B．基于成本的评估方法

  　　　C．基于场景的评估方法　　　　　　D．基于度量的评估方法

- 敏感点和权衡点是关键的架构决策。下列关于敏感点和权衡点的说法，正确的是___（2）___。

  （2）A．敏感点是研究多个构件以及构件之间的特性

  　　　B．研究敏感点可使设计人员或分析员明确在搞清楚如何实现系统功能目标时应注意什么

  　　　C．权衡点是影响多个质量属性的特性，是多个质量属性的敏感点

  　　　D．一个软件系统一定会有多个敏感点，但可能没有权衡点

- 某公司欲开发一个智能机器人系统，在架构设计阶段，公司的架构师识别出 3 个核心质量属性场景。其中"机器人系统主电源断电后，能够在 10 秒内自动启动备用电源并进行切换，恢复正常运行"主要与___（3）___质量属性相关，通常可采用___（4）___架构策略实现该属性；"机器人在正常运动过程中如果发现前方 2 米内有人或者障碍物，应在 1 秒内停止并在 2 秒内选择一条新的运行路径"主要与___（5）___质量属性相关，通常可采用___（6）___架构策略实现

该属性;"对机器人的远程控制命令应该进行加密,从而能够抵挡恶意的入侵破坏行为,并对攻击进行报警和记录"主要与___(7)___质量属性相关,通常可采用___(8)___架构策略实现该属性。

(3) A. 可用性　　　　B. 性能　　　　　C. 易用性　　　　D. 可修改性
(4) A. 抽象接口　　　B. 信息隐藏　　　C. 主动冗余　　　D. 记录/回放
(5) A. 可测试性　　　B. 易用性　　　　C. 互操作性　　　D. 性能
(6) A. 资源调度　　　B. 操作串行化　　C. 心跳　　　　　D. 内置监控器
(7) A. 可用性　　　　B. 安全性　　　　C. 可测试性　　　D. 可修改性
(8) A. 内置监控器　　B. 追踪审计　　　C. 记录/回放　　　D. 维护现有接口

答案及解析

(1) 参考答案 B

试题解析 系统架构评估的方法通常可以分为三类:基于调查问卷或检查表的方法、基于场景的评估方法和基于度量的评估方法。

1)基于调查问卷或检查表的方法。该方法的关键是要设计好问卷或检查表,充分利用系统相关人员的经验和知识,获得对架构的评估。该方法的缺点是在很大程度上依赖于评估人员的主观推断。

2)基于场景的评估方法。基于场景的方式由卡内基梅隆大学软件工程研究所首先提出并应用在架构权衡分析法(Architecture Tradeoff Analysis Method,ATAM)和软件架构分析方法(Software Architecture Analysis Method,SAAM)中。它是通过分析软件架构对场景(也就是对系统的使用或修改活动)的支持程度,从而判断该架构对这一场景所代表的质量需求的满足程度。

3)基于度量的评估方法。它是建立在软件架构度量的基础上的,涉及三个基本活动,首先需要建立质量属性和度量之间的映射原则,然后从软件架构文档中获取度量信息,最后根据映射原则分析推导出系统的质量属性。

(2) 参考答案 C

试题解析 敏感点和权衡点是关键的架构决策。敏感点是一个或多个构件(和/或构件之间的关系)的特性。研究敏感点可使设计人员或分析员明确在搞清楚如何实现质量目标时应注意什么。权衡点是影响多个质量属性的特性,是多个质量属性的敏感点。例如,改变加密级别可能会对安全性和性能产生非常重要的影响。提高加密级别可以提高安全性,但可能要耗费更多的处理时间,影响系统性能。如果某个机密消息的处理有严格的时间延迟要求,则加密级别可能就会成为一个权衡点。

(3)(4)(5)(6)(7)(8) 参考答案 A C D A B B

试题解析 本题主要考查考生对质量属性的理解和质量属性实现策略的掌握。对于题干描述,"机器人系统主电源断电后,能够在10秒内自动启动备用电源并进行切换,恢复正常运行"主要与可用性质量属性相关,通常可采用心跳、Ping/Echo、主动冗余、被动冗余、选举等架构策略实现该属性；"机器人在正常运动过程中如果发现前方 2 米内有人或者障碍物，应在 1 秒内停止并在 2 秒内选择一条新的运行路径"主要与性能质量属性相关，实现该属性的常见架构策略包括增加计算资源、减少计算开销、引入并发机制、采用资源调度等；"对机器人的远程控制命令应该进行加密，从而能够抵挡恶意的入侵破坏行为，并对攻击进行报警和记录"主要与安全性质量属性相关，通常可采用入侵检测、用户认证、用户授权、追踪审计等架构策略实现该属性。

8.3 ATAM 方法架构评估实践

- 架构权衡分析方法（Architecture Tradeoff Analysis Method，ATAM）是在 SAAM 的基础上发展起来的，主要针对性能、实用性、安全性和可修改性，在系统开发之前，对这些质量属性进行评价和折中。下列关于 ATAM 的说法有误的一项是＿＿（1）＿＿。
  （1）A．ATAM 的目标是在考虑多个相互影响的质量属性的情况下，从原则上提供一种理解软件架构的能力的方法
  　　　B．ATAM 方法分析多个相互竞争的质量属性。开始时考虑的是系统的可修改性、安全性、性能和可用性
  　　　C．在场景、需求收集相关活动中，ATAM 方法仅需要产品开发的相关人员的参与
  　　　D．可以把 ATAM 方法视为一个框架，该框架依赖于质量属性，可以使用不同的分析技术

- 在软件架构评估中，＿＿（2）＿＿是影响多个质量属性的特性，是多个质量属性的＿＿（3）＿＿。例如，提高加密级别可以提高安全性，但可能要耗费更多的处理时间，影响系统性能。如果某个机密消息的处理有严格的时间延迟要求，则加密级别可能就会成为一个＿＿（4）＿＿。
  （2）A．敏感点　　　　B．权衡点　　　　C．风险决策　　　D．无风险决策
  （3）A．敏感点　　　　B．权衡点　　　　C．风险决策　　　D．无风险决策
  （4）A．敏感点　　　　B．权衡点　　　　C．风险决策　　　D．无风险决策

- ATAM 测试阶段的第一步是头脑风暴和优先场景。利益相关者需要使用头脑风暴的场景，下列选项中不属于头脑风暴场景的是＿＿（5）＿＿。
  （5）A．用例场景：在这种情况下，利益相关者就是最终用户
  　　　B．增长情景：代表架构发展的方式
  　　　C．探索性场景：代表架构中极端的增长形式
  　　　D．优先场景：代表架构对于质量属性优先级所决定的场景

- ATAM 测试阶段的最后一步分为四个主要阶段，下列选项中对这一阶段的工作排序正确的是＿＿（6）＿＿。
  （6）A．创建分析问题，调查架构方法，找出风险、非风险、敏感点和权衡点，分析问题的答案
  　　　B．调查架构方法，找出风险、非风险、敏感点和权衡点，创建分析问题，分析问题的答案

C．调查架构方法，创建分析问题，分析问题的答案，找出风险、非风险、敏感点和权衡点

D．创建分析问题，分析问题的答案，调查架构方法，找出风险、非风险、敏感点和权衡点

- ATAM 评估团队的产出以及发现物不包括＿＿（7）＿＿。

  （7）A．一种效用树　　　　　　　B．一组生成的场景

  　　　C．敏感点和权衡点　　　　　D．确定的架构方法

答案及解析

（1）**参考答案** C

试题解析 架构权衡分析方法是在 SAAM 的基础上发展起来的，主要针对性能、实用性、安全性和可修改性，在系统开发之前，对这些质量属性进行评价和折中。

1）特定目标。ATAM 的目标是在考虑多个相互影响的质量属性的情况下，从原则上提供一种理解软件架构的能力的方法。对于特定的软件架构，在系统开发之前，可以使用 ATAM 方法确定在多个质量属性之间折中的必要性。

2）质量属性。ATAM 方法分析多个相互竞争的质量属性。开始时考虑的是系统的可修改性、安全性、性能和可用性。

3）风险承担者。在场景、需求收集相关活动中，ATAM 方法需要所有系统相关人员的参与。

4）架构描述。架构空间受到历史遗留系统、互操作性和以前失败的项目约束。架构描述基于五种基本结构来进行，这五种结构是从 Kruchten 的 4+1 视图派生而来的。其中逻辑视图被分为功能结构和代码结构。这些结构加上它们之间适当的映射可以完整地描述一个架构。用一组消息顺序图表示运行时的交互和场景，对架构描述加以注解。ATAM 方法被用于架构设计中，或被另一组分析人员用于检查最终版本的架构。

5）评估技术。可以把 ATAM 方法视为一个框架，该框架依赖于质量属性，可以使用不同的分析技术。它集成了多种优秀的单一理论模型，其中每种都能够高效、实用地处理属性。该方法使用了场景技术。从不同的架构角度，有三种不同类型的场景，分别是用例（包括对系统典型的使用、引出信息）、增长场景（用于涵盖那些对它的系统的修改）、探测场景（用于涵盖那些可能会对系统造成过载的极端修改）。ATAM 还使用定性的启发式分析方法，在对一个质量属性构造了一个精确分析模型时要进行分析，定性的启发式分析方法就是这种分析的粗粒度版本。

6）方法的活动。ATAM 被分为四个主要的活动领域（或阶段），分别是场景和需求收集、架构视图和场景实现、属性模型构造和分析、折中。

（2）（3）（4）**参考答案** B A B

试题解析 本题考查体系结构评估的相关知识。敏感点和权衡点是关键的体系结构决策。敏感点是一个或多个构件（和/或构件之间的关系）的特性。研究敏感点可使设计人员或分析人员明确

在搞清楚如何实现质量目标时应注意什么。权衡点是影响多个质量属性的特性，是多个质量属性的敏感点。因此，改变加密级别可能会对安全性和性能产生非常重要的影响。提高加密级别可以提高安全性，但可能要耗费更多的处理时间，影响系统性能。如果某个机密消息的处理有严格的时间延迟要求，则加密级别可能就会成为一个权衡点。

（5）**参考答案** D

试题解析 ATAM 测试阶段的第一步是头脑风暴和优先场景。利益相关者需要使用头脑风暴的三种场景如下：

用例场景：在这种情况下，利益相关者就是最终用户。

增长情景：代表架构发展的方式。

探索性场景：代表架构中极端的增长形式。

（6）**参考答案** C

试题解析 ATAM 测试阶段的最后一步分为以下四个主要阶段：

1）调查架构方法。
2）创建分析问题。
3）分析问题的答案。
4）找出风险、非风险、敏感点和权衡点。

（7）**参考答案** C

试题解析 ATAM 团队的主要发现物通常包括：一种效用树；一组生成的场景；一组分析问题；一套确定的风险和非风险；确定的架构方法。

第9章 软件可靠性基础知识

9.1 软件可靠性基本概念

- ___(1)___ 是指软件内部逻辑高度复杂，硬件则相对简单，这就在很大程度上决定了设计错误是导致软件失效的主要原因，而导致硬件失效的可能性则很小。

  （1）A．复杂性　　　　B．物理退化　　　　C．唯一性　　　　D．版本更新较快

- ___(2)___ 是软件产品在规定的条件下和规定的时间区间完成规定功能的能力。

  （2）A．可靠性　　　　B．可用性　　　　C．可测试　　　　D．可完成性

- 软件可靠性的"规定时间"有三种概念，其中不包含 ___(3)___ 。

  （3）A．自然时间　　　B．运行时间　　　C．执行时间　　　D．开发时间

- 下列关于 MTTF、MTTR、MTBF 的关系的式子，正确的是 ___(4)___ 。

  （4）A．MTBF=MTTF + MTTR　　　　B．MTBF=MTTF−MTTR

  　　　C．MTTR=MTTF + MTBF　　　　D．MTTR =MTTF−MTBF

- 可靠性测试的目的可归纳为以下三个方面，其中不包括 ___(5)___ 。

  （5）A．发现软件系统在需求、设计、编码、测试和实施等方面的各种缺陷

  　　　B．为软件的使用和维护提供可靠性数据

  　　　C．确认软件是否达到可靠性的定量要求

  　　　D．提供更高效的产品测试

- 软件与硬件从可靠性的角度来看，有很多不同，下列说法不正确的是 ___(6)___ 。

  （6）A．软件内部逻辑高度复杂，硬件则相对简单

  　　　B．软件不存在物理退化现象，硬件失效则主要是由于物理退化所致

  　　　C．软件是唯一的，软件复制不改变软件本身，而任何两个硬件不可能绝对相同

  　　　D．硬件的更新周期通常较快，软件版本更新较慢

- 系统___（7）___是指在规定的时间内和规定条件下能有效地实现规定功能的能力。它不仅取决于规定的使用条件等因素，还与设计技术有关。常用的度量指标主要有故障率（或失效率）、平均失效等待时间、平均失效间隔时间和可靠度等。其中，___（8）___是系统在规定工作时间内无故障的概率。___（9）___就是单位时间内软件系统出现失效的概率。

  （7）A．可靠性　　　　　B．可用性　　　　　C．可理解性　　　　　D．可测试性
  （8）A．失效率　　　　　　　　　　　　　　B．平均失效等待时间
  　　　C．平均失效间隔时间　　　　　　　　　D．可靠度
  （9）A．失效强度　　　　　　　　　　　　　B．平均失效等待时间
  　　　C．平均失效间隔时间　　　　　　　　　D．可靠度

- 平均失效等待时间（Mean Time To Failure，MTTF）和平均失效间隔时间（Mean Time Between Failure，MTBF）是进行系统可靠性分析时的重要指标，在失效率为常数和修复时间很短的情况下，___（10）___。

  （10）A．MTTF 远远小于 MTBF　　　　　B．MTTF 和 MTBF 无法计算
  　　　C．MTTF 远远大于 MTBF　　　　　D．MTTF 和 MTBF 几乎相等

- 下列内容不属于可靠性测试的过程的是___（11）___。

  （11）A．确定可靠性目标　　　　　　　　　B．定义运行剖面
  　　　C．分析影响可靠性的因素　　　　　　D．风险评估与应对

答案及解析

（1）参考答案 A

试题解析　复杂性是指软件内部逻辑高度复杂，硬件则相对简单，这就在很大程度上决定了设计错误是导致软件失效的主要原因，而导致硬件失效的可能性则很小。

（2）参考答案 A

试题解析　可靠性是软件质量的一个重要方面，它是软件在规定的时间内能够完成规定功能的能力，而不仅仅是软件产品的性能。

（3）参考答案 D

试题解析　对于"规定时间"有三种概念：一种是自然时间，也就是日历时间，指人们日常计时用的年、月、周、日等自然流逝的时间段；一种是运行时间，指软件从启动开始，到运行结束的时间段；最后一种是执行时间，指软件运行过程中，中央处理器（CPU）执行程序指令所用的时间总和。

（4）参考答案 A

试题解析　系统平均失效前时间（Mean Time To Failure，MTTF），平均恢复前时间（Mean Time To Restoration，MTTR），平均故障间隔时间 MTBF（Mean Time Between Failures），对于可靠度服从指数分布的系统，从任一时刻到达故障的期望时间都是相等的，因此有 MTBF=MTTF+MTTR。

（5）参考答案 D

试题解析　可靠性测试是对软件产品的可靠性进行调查、分析和评价的一种手段。它不仅仅是为了用测试数据确定软件产品是否达到可靠性目标，还要对检测出的失效的分布、原因及后果进行分析，并给出纠正建议。总的来说，可靠性测试的目的可归纳为以下三个方面。

1）发现软件系统在需求、设计、编码、测试和实施等方面的各种缺陷。
2）为软件的使用和维护提供可靠性数据。
3）确认软件是否达到可靠性的定量要求。

（6）参考答案 D

试题解析　硬件的更新周期通常较慢，软件版本更新较快，硬件产品一旦定型一般就不会更改，而软件产品通常受需求变更、软件缺陷修复的需要，造成软件版本更新较快，这也给软件可靠性评估带来较大的难度。

（7）（8）（9）参考答案 A D A

试题解析　软件可靠性是软件产品在规定的时间内和规定的条件下完成规定功能的能力。可靠度就是软件系统在规定的条件下、规定的时间内不发生失效的概率。失效强度的物理解释就是单位时间内软件系统出现失效的概率。

（10）参考答案 D

试题解析　失效率为常数意味着不怎么失效，修复时间很短意味着失效后立马就能恢复，MTBF=MTTF+MTTR，其中 MTTR 就是平均故障修复时间，这里的意思就是 MTTR 很小，所以 MTBF 就和 MTTF 很接近。

（11）参考答案 D

试题解析　广义的软件可靠性测试是为了最终评价软件系统的可靠性而运用建模、统计、试验、分析和评价等一系列手段对软件系统实施的一种测试。可靠性测试的活动如下图所示：

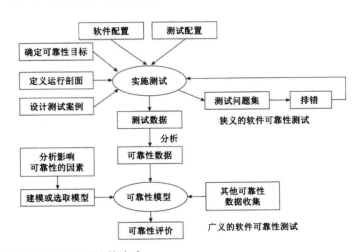

所以 D 选项风险评估与应对不是其内容。

9.2 软件可靠性建模

- 为了构建软件的可靠性模型，要分析一下影响软件可靠性的因素。影响软件可靠性的因素是纷杂而众多的，甚至包括技术以外的许多因素。首先必须考虑影响软件可靠性的主要因素。缺陷的___(1)___主要取决于软件产品的特性和软件的开发过程特性。软件产品的特性指软件本身的性质，开发过程特性包括开发技术、开发工具、开发人员的水平、需求的变化频度等。缺陷的___(2)___依靠用户对软件的操作方式、运行环境等，也就是运行剖面。缺陷的___(3)___依赖于失效的发现和修复活动及可靠性方面的投入。

　　(1) A．引入　　　　B．发现　　　　C．修改　　　　D．消除
　　(2) A．引入　　　　B．发现　　　　C．修改　　　　D．消除
　　(3) A．引入　　　　B．发现　　　　C．修改　　　　D．消除

- 影响软件可靠性的因素不包括___(4)___。
　　(4) A．运行剖面（环境）　　　　B．软件规模
　　　　C．软件内部结构　　　　　　D．软件工具

- 曲线拟合类模型用___(5)___的方法研究软件复杂性、程序中的缺陷数、失效率、失效间隔时间，包括参数方法和非参数方法两种。
　　(5) A．递归分析　　　　　　　　B．选择分析
　　　　C．回归分析　　　　　　　　D．模拟分析

- 贝叶斯模型是利用___(6)___的试验前分布和当前的测试失效信息，来评估软件的可靠性。
　　(6) A．有效率　　　　　　　　　B．失效率
　　　　C．成功率　　　　　　　　　D．缺陷数

- ___(7)___根据程序、子程序及其相互间的调用关系，形成一个可靠性分析网络。___(8)___以软件测试过程中单位时间的失效次数为独立泊松随机变量，来预测在今后软件的某使用时间点的累计失效数。___(9)___先计算程序各逻辑路径的执行概率和程序中错误路径的执行概率，再综合出该软件的使用可靠性。___(10)___选取软件输入域中的某些样本"点"运行程序，根据这些样本点在"实际"使用环境中的使用概率测试运行时的成功/失效率，推断软件的使用可靠性。Shooman 分解模型属于___(11)___。Weibull 模型属于___(12)___。

　　(7) A．程序结构分析模型　　　　B．非齐次泊松过程模型
　　　　C．输入域分类模型　　　　　D．执行路径分析方法类模型
　　(8) A．程序结构分析模型　　　　B．非齐次泊松过程模型
　　　　C．输入域分类模型　　　　　D．执行路径分析方法类模型
　　(9) A．程序结构分析模型　　　　B．非齐次泊松过程模型
　　　　C．输入域分类模型　　　　　D．执行路径分析方法类模型

（10）A．程序结构分析模型　　　　　　B．非齐次泊松过程模型
　　　 C．输入域分类模型　　　　　　　D．执行路径分析方法类模型
（11）A．程序结构分析模型　　　　　　B．非齐次泊松过程模型
　　　 C．输入域分类模型　　　　　　　D．执行路径分析方法类模型
（12）A．可靠性增长模型　　　　　　　 B．曲线拟合模型
　　　 C．输入域分类模型　　　　　　　D．执行路径分析方法类模型

答案及解析

（1）（2）（3）**参考答案** A B D

试题解析　缺陷的引入主要取决于软件产品的特性和软件的开发过程特性。软件产品的特性指软件本身的性质，开发过程特性包括开发技术、开发工具、开发人员的水平、需求的变化频度等。缺陷的发现依靠用户对软件的操作方式、运行环境等，也就是运行剖面。缺陷的消除依赖于失效的发现和修复活动及可靠性方面的投入。

（4）**参考答案** D

试题解析　影响软件可靠性的因素包括运行剖面（环境）、软件规模、软件的内部结构、软件的开发方法和开发环境、软件的可靠性投入。

（5）**参考答案** C

试题解析　曲线拟合类模型用回归分析的方法研究软件复杂性、程序中的缺陷数、失效率、失效间隔时间，包括参数方法和非参数方法两种。

（6）**参考答案** B

试题解析　贝叶斯模型是利用失效率的试验前分布和当前的测试失效信息，来评估软件的可靠性。这是一类当软件可靠性工程师对软件的开发过程有充分的了解，软件的继承性比较好时具有良好效果的可靠性分析模型。

（7）（8）（9）（10）（11）（12）**参考答案** A B D C D A

试题解析　程序结构分析模型根据程序、子程序及其相互间的调用关系，形成一个可靠性分析网络。

非齐次泊松过程模型以软件测试过程中单位时间的失效次数为独立泊松随机变量，来预测在今后软件的某使用时间点的累计失效数。

执行路径分析方法类模型先计算程序各逻辑路径的执行概率和程序中错误路径的执行概率，再综合出该软件的使用可靠性。Shooman 分解模型属于此类。

输入域分类模型选取软件输入域中的某些样本"点"运行程序，根据这些样本点在"实际"使用环境中的使用概率测试运行时的成功/失效率，推断软件的使用可靠性。

可靠性增长模型是预测软件在检错过程中的可靠性改进，用增长函数来描述软件的改进过程。Weibull 模型属于此类。

9.3 软件可靠性管理

- 软件可靠性管理是软件工程管理的一部分，它以全面提高和保证软件可靠性为目标，以软件可靠性活动为主要对象，是把现代管理理论用于___(1)___中的可靠性保障活动的一种管理形式。
  - (1) A．软件开发周期 B．软件测试周期
    C．软件运行周期 D．软件生命周期
- 需求分析阶段不包括___(2)___。
  - (2) A．确定可靠性量度 B．确定软件的可靠性目标
    C．制定可靠性管理框架 D．制订可靠性活动初步计划
- ___(3)___包括收集可靠性数据、调整可靠性模型、可靠性评价、编制可靠性文档。
  - (3) A．编码阶段 B．测试阶段
    C．需求分析阶段 D．实施阶段
- 软件可靠性管理的目的是___(4)___。
  - (4) A．提高软件性能 B．提高和保证软件可靠性
    C．降低软件开发成本 D．增加软件的可用性
- 关于软件可靠性管理，以下___(5)___的说法是正确的。
  - (5) A．可靠性管理目前可以完全量化
    B．可靠性管理规范已经非常完善
    C．可靠性管理研究是一个短期课题
    D．利用有限的可靠性投入达到预期可靠性目标是一个挑战
- 在软件可靠性管理过程中，以下工作不属于概要设计阶段应完成的是___(6)___。
  - (6) A．确定可靠性度量 B．可靠性设计
    C．收集可靠性数据 D．制定可靠性文档编写规范
- 在软件可靠性管理过程中，以下工作不属于详细设计阶段应完成的是___(7)___。
  - (7) A．确定可靠性度量 B．可靠性设计
    C．收集可靠性数据 D．明确后续阶段的可靠性活动的详细计划
- 在软件可靠性管理过程中，以下工作不属于编码阶段应完成的是___(8)___。
  - (8) A．排错 B．调整可靠性活动计划
    C．收集可靠性数据 D．可靠性评价
- 在软件可靠性管理过程中，以下工作不属于测试阶段应完成的是___(9)___。
  - (9) A．排错 B．可靠性建模
    C．可靠性评价 D．确定可靠性验收标准

答案及解析

（1）**参考答案** D

试题解析 软件可靠性管理是软件工程管理的一部分，它以全面提高和保证软件可靠性为目标，以软件可靠性活动为主要对象，是把现代管理理论用于软件生命周期中的可靠性保障活动的一种管理形式。

（2）**参考答案** A

试题解析 需求分析阶段包括：①确定软件的可靠性目标；②分析可能影响可靠性的因素；③确定可靠性的验收标准；④制定可靠性管理框架；⑤制定可靠性文档编写规范；⑥制订可靠性活动初步计划；⑦确定可靠性数据收集规范。

（3）**参考答案** D

试题解析 实施阶段包括：①可靠性测试（含于验收测试）；②排错；③收集可靠性数据；④调整可靠性模型；⑤可靠性评价；⑥编制可靠性文档。

（4）**参考答案** B

试题解析 软件可靠性管理的目的是全面提高和保证软件可靠性，包括在软件生命周期的各个阶段采取措施来确保软件的可靠性，从而满足用户对软件可靠性的期望。B 选项"提高和保证软件可靠性"正是对这一目的的描述。A 选项"提高软件性能"、C 选项"降低软件开发成本"和 D 选项"增加软件的可用性"虽然也是软件开发和维护中的重要目标，但它们并不是软件可靠性管理的主要目的。

（5）**参考答案** D

试题解析 当前，软件可靠性管理还停留在定性描述的水平上，很难用量化的指标来进行可靠性管理。可靠性管理规范的制定水平和实施效果也有待提高。软件项目管理者常常面临如何利用有限的可靠性投入达到预期可靠性目标的挑战。因此，D 选项"利用有限的可靠性投入达到预期可靠性目标是一个挑战"是正确的描述。A 选项"可靠性管理目前可以完全量化"和 B 选项"可靠性管理规范已经非常完善"与当前软件可靠性管理的实际情况不符。C 选项"可靠性管理研究是一个短期课题"与实际情况相反，可靠性管理研究是一个长期的课题。

（6）**参考答案** D

试题解析 在软件可靠性管理过程中，概要设计阶段包括：①确定可靠性度量；②制定详细的可靠性验收方案；③可靠性设计；④收集可靠性数据；⑤调整可靠性活动计划；⑥明确后续阶段的可靠性活动的详细计划；⑦编制可靠性文档。

（7）**参考答案** A

试题解析 在软件可靠性管理过程中，详细设计阶段包括：①可靠性设计；②可靠性预测（确定可靠性度量估计值）；③调整可靠性活动计划；④收集可靠性数据；⑤明确后续阶段的可靠性活动的详细计划；⑥编制可靠性文档。

(8) 参考答案 D

试题解析 在软件可靠性管理过程中，编码阶段包括：①可靠性测试（含于单元测试）；②排错；③调整可靠性活动计划；④收集可靠性数据；⑤明确后续阶段的可靠性活动的详细计划；⑥编制可靠性文档。

(9) 参考答案 D

试题解析 在软件可靠性管理过程中，测试阶段包括：①可靠性测试（含于集成测试、系统测试）；②排错；③可靠性建模；④可靠性评价；⑤调整可靠性活动计划；⑥收集可靠性数据；⑦明确后续阶段的可靠性活动的详细计划；⑧编制可靠性文档。

9.4 软件可靠性设计

- 一般来说，被认可的且具有应用前景的软件可靠性设计技术主要有容错设计、检错设计和___(1)___等技术。

  (1) A. 模块化设计　　　　　　B. 简单性设计
  　　C. 降低复杂度设计　　　　D. 鲁棒性设计

- 常用的软件容错技术主要有恢复块设计、N版本程序设计和___(2)___三种方法。

  (2) A. 冗余设计　　B. 副本设计　　C. 增强设计　　D. 模块化设计

- 一般采用___(3)___，在软件出现故障后能及时发现并报警，提醒维护人员进行处理。

  (3) A. 容错技术　　B. 检错技术　　C. 跟踪技术　　D. 报错技术

- ___(4)___主要包含模块内部数据流向和程序长度两个方面。

  (4) A. 结构复杂性　　B. 模块复杂性　　C. 系统复杂性　　D. 开发复杂性

- ___(5)___用不同模块之间的关联程度来表示。

  (5) A. 结构复杂性　　B. 关联复杂性　　C. 模块复杂性　　D. 流程复杂性

- 双机热备方案中，根据两台服务器的工作方式可以有三种不同的工作模式，即：双机热备模式、双机互备模式和___(6)___。

  (6) A. 双机副本模式　　　　　　B. 双机同步模式
  　　C. 双机双工模式　　　　　　D. 双机并行模式

- 大多数情况下，集群中所有的计算机拥有___(7)___共同的名称，集群内任一系统上运行的服务可被所有的网络客户所使用。

  (7) A. 两个　　B. 至少两个　　C. 一个　　D. 三个

- 集群内各节点服务器通过___(8)___相互通信，当某节点服务器发生故障时，这台服务器上所运行的应用程序将在另一节点服务器上被自动接管。

  (8) A. 广域网　　B. 内部局域网　　C. 虚拟专用网　　D. 城域网

- 双机热备系统采用"___(9)___"方法保证主系统与备用系统的联系。

  (9) A. 定时任务　　B. PING　　C. 轮询　　D. 心跳

- 通常在___（10）___中可以采用相应的容错技术，通过系统的整体来提供相应的可靠性，主要有双机热备技术和服务器集群技术。

  （10）A．系统开发　　　B．系统需求　　　C．系统配置　　　D．系统运行

- 通常___（11）___是通过设计出多个模块或不同版本，对于相同初始条件和相同输入的操作结果，实行多数表决，防止其中某一软件模块/版本的故障提供错误的服务，以实现软件容错。

  （11）A．恢复块设计　　　　　　　　B．N 版本程序设计
  　　　C．冗余设计　　　　　　　　　D．评审

- 下列关于检错技术的说法，错误的是___（12）___。

  （12）A．检错技术实现的代价一般高于容错技术和冗余技术

  　　　B．检错技术只能检错，不能自动解决故障，出现故障后如果不进行人工干预，将最终导致软件系统不能正常运行

  　　　C．检测点放在容易出错的地方和出错对软件系统影响较大的地方。检测内容选取那些有代表性的、易于判断的指标

  　　　D．最直接的一种实现方式是判断返回结果，如果返回结果超出正常范围，则进行异常处理

- 下列说法正确的是___（13）___。

  （13）A．双机热备方案中，根据两台服务器的工作方式可以有三种不同的工作模式，分别为双机热备模式、双机互备模式和双机双工模式

  　　　B．双机双工模式，即通常所说的 Active/Standby 方式，Active 服务器处于工作状态；而 Standby 服务器处于监控准备状态，服务器数据包括数据库数据，同时往两台或多台服务器写入（通常各服务器采用 RAID 磁盘阵列卡），保证数据的即时同步

  　　　C．双机热备模式，是两个相对独立的应用在两台机器同时运行，但彼此均设为备机，当某一台服务器出现故障时，另一台服务器可以在短时间内将故障服务器的应用接管过来，从而保证了应用的持续性，但对服务器的性能要求比较高

  　　　D．双机互备模式是集群的一种形式，两台服务器均处于活动状态，同时运行相同的应用，以保证整体系统的性能，也实现了负载均衡和互为备份，通常使用磁盘柜存储技术

- ___（14）___是指一组相互独立的服务器在网络中组合成为单一的系统工作，并以单一系统的模式加以管理。

  （14）A．单体技术　　　B．网络服务器　　　C．集群技术　　　D．心跳

答案及解析

（1）**参考答案 C**

试题解析　可靠性设计概念被广为引用，但并没有多少人能提出非常实用并且广泛运用的可靠性设计技术。一般来说，被认可的且具有应用前景的软件可靠性设计技术主要有容错设计、检错设

计和降低复杂度设计等技术。

（2）参考答案 A

试题解析　常用的软件容错技术主要有恢复块设计、N版本程序设计和冗余设计三种方法。

（3）参考答案 B

试题解析　一般采用检错技术，在软件出现故障后能及时发现并报警，提醒维护人员进行处理。检错技术实现的代价一般低于容错技术和冗余技术，但它有一个明显的缺点，就是不能自动解决故障，出现故障后如果不进行人工干预，将最终导致软件系统不能正常运行。

（4）参考答案 B

试题解析　模块复杂性主要包含模块内部数据流向和程序长度两个方面。

（5）参考答案 A

试题解析　结构复杂性用不同模块之间的关联程度来表示。

（6）参考答案 C

试题解析　双机热备方案中，根据两台服务器的工作方式可以有三种不同的工作模式，即：双机热备模式、双机互备模式和双机双工模式。

（7）参考答案 C

试题解析　大多数情况下，集群中所有的计算机拥有一个共同的名称，集群内任一系统上运行的服务可被所有的网络客户所使用。

（8）参考答案 B

试题解析　集群内各节点服务器通过内部局域网相互通信，当某节点服务器发生故障时，这台服务器上所运行的应用程序将在另一节点服务器上被自动接管。

（9）参考答案 D

试题解析　双机热备系统采用"心跳"方法保证主系统与备用系统的联系。

（10）参考答案 C

试题解析　通常在系统配置中可以采用相应的容错技术，通过系统的整体来提供相应的可靠性，主要有双机热备技术和服务器集群技术。

（11）参考答案 B

试题解析　N版本程序设计的核心是通过设计出多个模块或不同版本，对于相同初始条件和相同输入的操作结果，实行多数表决，防止其中某一软件模块/版本的故障提供错误的服务，以实现软件容错。

（12）参考答案 A

试题解析　检错技术实现的代价一般低于容错技术和冗余技术。

（13）参考答案 A

试题解析　B选项应该为双机热备。C选项应该为双机互备。D选项应该为双机双工模式。

（14）参考答案 C

试题解析　集群技术是指一组相互独立的服务器在网络中组合成为单一的系统工作，并以单一系统的模式加以管理。此单一系统为客户工作站提供高可靠性的服务。大多数情况下，集群中所有的大多数情况下，集群中所有的计算机会拥有一个共同的名称，集群内任一系统上运行的服务可以被所有的网络客户所使用。

9.5 软件可靠性测试

- 软件可靠性测试还必须考虑对软件开发进度和成本的影响，最好是在受控的自动测试环境由＿＿（1）＿＿完成。

    （1）A．内部开发团队　　　　　　　　B．专业测试机构
    　　　C．内部测试团队　　　　　　　　D．自动化团队

- 软件可靠性测试由可靠性目标的确定、运行剖面的开发、测试用例的设计、测试实施、＿＿（2）＿＿的分析等主要活动组成。

    （2）A．测试结果　　B．测试报表　　C．测试方案　　D．测试跟踪

- 定义运行剖面的下一步是＿＿（3）＿＿，明确需要测试的内容。

    （3）A．定义使用模型　　　　　　　　B．设计使用模型
    　　　C．开发使用模型　　　　　　　　D．假设使用模型

- 定义使用概率的最佳方法是使用实际的＿＿（4）＿＿，如来自系统原型、前一版本的使用数据。

    （4）A．系统数据　　B．用例数据　　C．测试数据　　D．用户数据

- ＿＿（5）＿＿就是针对特定功能或组合功能设计测试方案，并编写成文档。测试用例的选择既要有一般情况，也应有极限情况以及最大和最小的边界值情况。

    （5）A．开发测试用例　　　　　　　　B．规划测试用例
    　　　C．设计测试用例　　　　　　　　D．运行测试用例

- 把可靠性测试过程进行＿＿（6）＿＿，有利于获得真实有效的数据，为最终得到客观的可靠性评价结果奠定基础。

    （6）A．规范化　　B．单一化　　C．文档化　　D．模块化

- 下列不属于一个典型测试用例的内容的是＿＿（7）＿＿。

    （7）A．测试用例标识　　　　　　　　B．被测对象
    　　　C．操作步骤　　　　　　　　　　D．判断验收标准

- 下列不属于可靠性测试前需要检查的内容的是＿＿（8）＿＿。

    （8）A．检查软件需求与设计文档是否一致
    　　　B．检查软件开发过程中形成的文档的准确性、完整性以及与程序的一致性
    　　　C．检查所交付程序和数据以及相应的软件支持环境是否符合要求
    　　　D．检查工具是否恰当地选用

- 下列不属于测试报告的内容的是＿＿（9）＿＿。

    （9）A．软件产品标识　　B．测试依据　　C．测试标准　　D．测试问题

- 测试有无操作错误引起系统异常退出的情况主要是测试___（10）___。

  （10）A. 数据可靠性　　　　　　　　B. 错误是否导致系统异常退出

  　　　C. 异常情况的影响　　　　　　D. 错误提示的准确性

- 下列关于可靠性数据的说法，不正确的是___（11）___。

  （11）A. 一次失效所累积经历的时间为失效测试时间数据

  　　　B. 失效间隔时间数据指的是本次失效与上一次失效的间隔时间

  　　　C. 某个时间区内发生了多少次失效为分组时间内的失效数

  　　　D. 某个区间的累积失效数为分组时间的累积失效数

答案及解析

（1）参考答案 B

试题解析　软件可靠性测试还必须考虑对软件开发进度和成本的影响，最好是在受控的自动测试环境由专业测试机构完成。

（2）参考答案 A

试题解析　软件可靠性测试由可靠性目标的确定、运行剖面的开发、测试用例的设计、测试实施、测试结果的分析等主要活动组成。

（3）参考答案 C

试题解析　定义运行剖面的下一步是开发使用模型，明确需要测试的内容。软件系统可能会有许多用户和用户类别，每类用户都可能以不同的方式使用系统。

（4）参考答案 D

试题解析　定义使用概率的最佳方法是使用实际的用户数据，如来自系统原型、前一版本的使用数据。

（5）参考答案 C

试题解析　设计测试用例就是针对特定功能或组合功能设计测试方案，并编写成文档。测试用例的选择既要有一般情况，也应有极限情况以及最大和最小的边界值情况。

（6）参考答案 A

试题解析　把可靠性测试过程进行规范化，有利于获得真实有效的数据，为最终得到客观的可靠性评价结果奠定基础。

（7）参考答案 D

试题解析　一个典型的测试用例应该包括测试用例标识、被测对象、测试环境及条件、测试输入、操作步骤、预期输出、判断输出结果是否符合标准、测试对象的特殊需求。

（8）参考答案 D

试题解析　在进行应用软件的可靠性测试前有必要检查软件需求与设计文档是否一致，检查软件开发过程中形成的文档的准确性、完整性以及与程序的一致性，检查所交付程序和数据以及相应的软件支持环境是否符合要求。

（9）**参考答案** C

试题解析 测试报告应具备软件产品标识、测试环境配置（硬件和软件）、测试依据、测试结果、测试问题、测试时间。

（10）**参考答案** B

试题解析 可靠性测试用例设计时重点考虑的内容见下表。

序号	测试目的	描述
1	屏蔽用户操作错误	考虑对用户常见的误操作的提示和屏蔽情况
2	错误提示的准确性	对用户的错误提示准确描述
3	错误是否导致系统异常退出	有无操作错误引起系统异常退出的情况
4	数据可靠性	系统应对输入的数据进行有效性检查，对冗余的数据进行过滤、校验和清洗，保证数据的正确性和可靠性
5	异常情况的影响	考查数据和系统的受影响程度，若受损，是否提供补救工具，补救的情况如何。异常情况包括： ● 硬件故障 ● 网络故障 ● 部分软件模块失效

（11）**参考答案** A

试题解析 用时间定义的软件可靠性数据可以分为四类，这四类数据可以互相转化，具体内容如下。

1）失效时间数据：记录发生一次失效所累积经历的时间。
2）失效间隔时间数据：记录本次失效与上一次失效的间隔时间。
3）分组时间内的失效数：记录某个时间区内发生了多少次失效。
4）分组时间的累积失效数：记录到某个区间的累积失效数。

A 选项应该为失效时间数据。

9.6 软件可靠性评价

- ___(1)___ 是软件可靠性活动的重要组成部分，既适用于软件开发过程，也可针对最终软件系统。可以使用软件可靠性模型，估计软件当前的可靠性。
  （1）A．软件可靠性执行　　　　　　B．软件可靠性设计
  　　　C．软件可靠性需求　　　　　　D．软件可靠性评价
- 软件可靠性评价工作是指选用或建立合适的可靠性___(2)___，运用统计技术和其他手段，对软件可靠性测试和系统运行期间收集的软件失效数据进行处理，并评估和预测软件可靠性的过程。

（2）A．数学模型　　　B．数据模型　　　C．物理模型　　　D．计算模型
- 面向___（3）___的可靠性测试产生的测试数据经过分析后，可以得到非常有价值的可靠性数据，是可靠性评价所用数据的一个重要来源，这部分数据取决于定义的运行剖面和选取的测试用例集。

　　（3）A．用例　　　　B．缺陷　　　　C．数据　　　　D．模块
- 在软件开发过程中，软件可靠性评价的主要目的是___（4）___。

　　（4）A．评估软件的性能

　　　　B．估计软件当前的可靠性，以确认是否可以终止测试并发布软件

　　　　C．确定最终软件产品所达到的可靠性水平

　　　　D．评估软件的安全性
- 预测的能力与质量在软件可靠性评价中的作用是___（5）___。

　　（5）A．评估软件的性能

　　　　B．预测将来的可靠性和失效概率

　　　　C．确定最终软件产品所达到的可靠性水平

　　　　D．评估软件的安全性
- 不属于可靠性评价过程的是___（6）___。

　　（6）A．选择可靠性模型　　　　　　B．收集可靠性数据

　　　　C．可靠性测试　　　　　　　　D．可靠性评估和预测
- 关于可靠性模型，说法不正确的是___（7）___。

　　（7）A．模型假设是可靠性模型的基础

　　　　B．应尽量选用比较新颖、采用新技术的模型作为分析模型

　　　　C．使用模型进行可靠性评价的最终目的，是想得到软件系统当前的可靠性定量数据，以及预测一定时间后的可靠性数据，可以根据可靠性测试目的来确定哪些模型的输出值满足可靠性评价需求

　　　　D．模型使用尽量简便，应该简短易懂，便于使用
- 关于可靠性数据的收集，说法错误的是___（8）___。

　　（8）A．及早确定所采用的可靠性模型，以确定需要收集的可靠性数据

　　　　B．制订可实施性较强的可靠性数据收集计划，无须专人负责

　　　　C．重视软件测试

　　　　D．充分利用数据库来完成可靠性数据的存储和统计分析

答案及解析

（1）参考答案 D

试题解析　软件可靠性评价是软件可靠性活动的重要组成部分，既适用于软件开发过程，也可针对最终软件系统。

（2）参考答案 A

试题解析 软件可靠性评价工作是指选用或建立合适的可靠性数学模型。

（3）参考答案 B

试题解析 面向缺陷的可靠性测试产生的测试数据经过分析后，可以得到非常有价值的可靠性数据，是可靠性评价所用数据的一个重要来源。

（4）参考答案 B

试题解析 在软件开发过程中，软件可靠性评价的主要目的是估计软件当前的可靠性，以确认是否可以终止测试并发布软件。这有助于开发团队了解软件的可靠性状态，并做出是否继续测试或发布软件的决定。B 选项"估计软件当前的可靠性，以确认是否可以终止测试并发布软件"正是对这一目的的描述。A 选项"评估软件的性能"、C 选项"确定最终软件产品所达到的可靠性水平"和 D 选项"评估软件的安全性"虽然也是软件开发中的重要考虑因素，但它们并不是软件可靠性评价的主要目的。

（5）参考答案 B

试题解析 预测的能力与质量在软件可靠性评价中指的是模型根据现在和历史的可靠性数据，预测将来的可靠性和失效概率的能力，以及预测结果的准确程度。这是评价模型有效性的关键因素。B 选项"预测将来的可靠性和失效概率"正是对这一作用的描述。A 选项"评估软件的性能"、C 选项"确定最终软件产品所达到的可靠性水平"和 D 选项"评估软件的安全性"虽然也是软件可靠性评价中的重要方面，但它们并不直接涉及模型预测的能力与质量。

（6）参考答案 C

试题解析 软件可靠性的过程包含如下三个方面：

1）选择可靠性模型。

2）收集可靠性数据。

3）可靠性评估和预测。

（7）参考答案 B

试题解析 应尽量选用比较成熟、应用较广的模型作为分析模型。

（8）参考答案 B

试题解析 可靠性数据收集需要注意：

1）及早确定所采用的可靠性模型，以确定需要收集的可靠性数据，并明确定义可靠性数据规范中的一些术语和记录方法，如时间、失效、失效严重程度类的定义，制订标准的可靠性数据记录和统计表格等。

2）制订可实施性较强的可靠性数据收集计划，指定专人负责，抽取部分开发人员、质量保证人员、测试人员、用户业务人员参加，按照统一的规范收集记录可靠性数据。

3）重视软件测试，特别是可靠性测试产生的测试数据的整理和分析，因为这部分数据是用模拟软件实际运行环境的方法、模拟用户实际操作的测试用例从而测试软件系统产生的数据，对软件可靠性评价和预测有较高的实用价值。

4）充分利用数据库来完成可靠性数据的存储和统计分析。

第10章 软件架构的演化和维护

10.1 软件架构演化和定义的关系

- 人们通常说软件架构是___(1)___来的。
  （1）A．演化　　　　　B．设计　　　　　C．复制　　　　　D．复用
- 架构设计时对系统组件之间的耦合描述有助于软件系统的___(2)___调整。
  （2）A．整体　　　　　B．部分　　　　　C．动态　　　　　D．静态
- ___(3)___是软件架构的基本要素和结构单元，表示系统中主要的计算元素、数据存储以及一些重要模块。
  （3）A．模块　　　　　B．功能　　　　　C．组件　　　　　D．元素
- ___(4)___的演化体现在组件交互消息的增加、删除或改变，它除了伴随模块的改变而改变外，还有一种情况是由于系统内部结构调整导致的人与系统交互流程的改变，即组件之间交互消息的增加、删除或改变。
  （4）A．约束　　　　　B．关联　　　　　C．组件　　　　　D．连接件
- 软件架构的三大要素，不包括___(5)___。
  （5）A．组合　　　　　B．组件　　　　　C．连接件　　　　D．约束
- 软件架构的演化在保证软件演化的一致性和正确性方面起到了重要作用，___(6)___不是软件架构演化便捷性的原因。
  （6）A．形式化、可视化表示提高了软件的可构造性
  　　　B．软件架构设计方案涵盖的整体结构信息、配置信息、约束信息
  　　　C．架构设计时对系统组件之间的耦合描述
  　　　D．软件架构的演化减少了软件系统的复杂性

答案及解析

（1）**参考答案** A

试题解析 人们通常说软件架构是演化来的，而不是设计来的。

（2）**参考答案** C

试题解析 架构设计时对系统组件之间的耦合描述有助于软件系统的动态调整。

（3）**参考答案** C

试题解析 组件是软件架构的基本要素和结构单元，表示系统中主要的计算元素、数据存储以及一些重要模块，当需要消除软件架构存在的缺陷、增加新的功能、适应新的环境时几乎都涉及组件的演化。组件的演化体现在组件中模块的增加、删除或修改。

（4）**参考答案** D

试题解析 连接件的演化体现在组件交互消息的增加、删除或改变，它除了伴随模块的改变而改变外，还有一种情况是由于系统内部结构调整导致的人与系统交互流程的改变，即组件之间交互消息的增加、删除或改变。

（5）**参考答案** A

试题解析 软件架构包括组件、连接件和约束三大要素。

（6）**参考答案** D

试题解析 软件架构的演化便捷性主要由于形式化、可视化表示提高了软件的可构造性，软件架构设计方案涵盖的整体结构信息、配置信息、约束信息有助于开发人员考虑未来演化问题，以及架构设计时对系统组件之间耦合的描述有助于软件系统的动态调整。D选项提到的"软件架构的演化减少了软件系统的复杂性"并不是软件架构演化便捷性的原因之一。

10.2 面向对象软件架构演化过程

- 在顺序图中，组件的实体为___(1)___。组件本身包含了众多的属性，如接口、类型、语义等。
  （1）A．模块　　　　　B．组件　　　　　C．对象　　　　　D．过程
- 在发生对象演化时，一般会伴随着相应的___(2)___，新增相应的消息以完成交互，从而对架构的正确性或时态属性产生影响。
  （2）A．模块演化　　　B．对象演化　　　C．过程演化　　　D．消息演化
- ___(3)___是顺序图中的核心元素，包含了名称、源对象、目标对象、时序等信息。
  （3）A．实体　　　　　B．消息　　　　　C．数据　　　　　D．文本
- ___(4)___是顺序图的核心内容，___(5)___是顺序图演化的核心。___(6)___的演化会伴随着消息演化。
  （4）A．实体　　　　　B．消息　　　　　C．对象　　　　　D．分支

（5）A．消息演化　　　　B．实体演化　　　　C．数据演化　　　　D．架构演化
（6）A．实体　　　　　　B．对象　　　　　　C．数据　　　　　　D．架构

- ___（7）___ 是对象交互关系的控制流描述，表示可能发生在不同场合的交互，与消息同属于连接件范畴。

（7）A．消息片段　　　　B．组件片段　　　　C．复合片段　　　　D．对象片段

- ___（8）___ 对应着架构配置的演化，一般来源于系统属性的改变，而更多情况下约束会伴随着消息的改变而发生改变。

（8）A．选择演化　　　　B．约束演化　　　　C．依赖演化　　　　D．组合演化

答案及解析

（1）**参考答案** C

试题解析 在顺序图中，组件的实体为对象。组件本身包含了众多的属性，如接口、类型、语义等。

（2）**参考答案** D

试题解析 在发生对象演化时，一般会伴随着相应的消息演化，新增相应的消息以完成交互，从而对架构的正确性或时态属性产生影响。

（3）**参考答案** B

试题解析 消息是顺序图中的核心元素，包含了名称、源对象、目标对象、时序等信息。

（4）（5）（6）**参考答案** B A B

试题解析 消息是顺序图的核心内容，消息演化是顺序图演化的核心。对象的演化会伴随着消息演化。

（7）**参考答案** C

试题解析 复合片段是对象交互关系的控制流描述，表示可能发生在不同场合的交互，与消息同属于连接件范畴。

（8）**参考答案** B

试题解析 约束演化对应着架构配置的演化，一般来源于系统属性的改变，而更多情况下约束会伴随着消息的改变而发生改变。

10.3　软件架构演化方式的分类

- ___（1）___ 是指发生在体系结构模型和与之相关的代码编译之前的软件架构演化。

（1）A．需求时演化　　　　　　　　　　B．规划时演化
　　C．设计时演化　　　　　　　　　　D．运行时演化

- ___（2）___是指发生在执行之前、编译之后的软件架构演化，这时由于应用程序并未执行，修改时可以不考虑应用程序的状态，但需要考虑系统的体系结构且系统需要具有添加和删除组件的机制。

  （2）A．执行前演化　　　　　　　　　B．运行前演化

  　　C．编译前演化　　　　　　　　　D．编码前演化

- ___（3）___是指系统在设计时就规定了演化的具体条件，将系统置于"安全"模式下，演化只发生在某些特定约束满足时，可以进行一些规定好的演化操作。

  （3）A．有限制运行时演化　　　　　　B．安全运行时演化

  　　C．约束运行时演化　　　　　　　D．预置运行时演化

- ___（4）___是指系统的体系结构在运行时不能满足要求时发生的软件架构演化，包括添加组件、删除组件、升级替换组件、改变体系结构的拓扑结构等。此时的演化是最难实现的。

  （4）A．运行前演化　　　　　　　　　B．运行时演化

  　　C．运行后演化　　　　　　　　　D．编译时演化

- 软件静态演化是系统停止运行期间的修改和更新，即一般意义上的软件修复和升级。与此相对应的维护方法有三类，不包括___（5）___。

  （5）A．更正性维护　　　　　　　　　B．完善性维护

  　　C．缺陷性维护　　　　　　　　　D．适应性维护

- 架构演化的可维护性度量基于___（6）___表示的软件架构，在较高层次上评估架构的某个原子修改操作对整个架构所产生的影响。

  （6）A．用例图　　　B．组件图　　　C．对象图　　　D．消息图

- 动态演化是在系统运行期间的演化，需要在___（7）___系统功能的情况下完成演化，比静态演化更加困难。具体发生在有限制运行时演化和运行时演化阶段。

  （7）A．临时停止　　B．不停止　　　C．按需停止　　D．人工停止

- 软件架构演化按照软件架构的实现方式和实施粒度可以分为基于过程和函数的演化、___（8）___、基于组件的演化和基于架构的演化。

  （8）A．结构化演化　　　　　　　　　B．面向对象的演化

  　　C．基于流程的演化　　　　　　　D．基于业务的演化

- 软件静态演化的步骤正确的是___（9）___。

  （9）A．软件理解→需求变更分析→演化计划→系统重构→系统测试

  　　B．软件理解→演化计划→软件变更→系统重构→系统测试

  　　C．演化计划→需求变更分析→演化策略→系统重构→系统测试

  　　D．软件理解→演化计划→系统分析→系统重构→系统测试

- 软件的动态性分为三个级别，分别为交互动态性、结构动态性和___（10）___。

  （10）A．架构动态性　　　　　　　　　B．系统动态性

  　　 C．组件动态性　　　　　　　　　D．过程动态性

- 下列说法错误的是___(11)___。
  (11) A. 软件的静态演化主要包括属性改名、行为变化、拓扑结构改变和风格变化
  B. 实现软件架构动态演化的技术主要有两种：采用动态软件架构（Dynamic Software Architecture，DSA）和进行动态重配置（Dynamic Reconfiguration，DR）
  C. DSA 实施动态演化大体遵循以下四步：①捕捉并分析需求变化；②获取或生成体系结构演化策略；③根据上一步得到的演化策略，选择适当的演化策略并实施演化；④演化后进行评估与检测
  D. 软件动态性建模语言按照描述视角可分为基于行为视角的 π-ADL，使用进程代数来描述具有动态性的行为；基于反射视角的 Pilar，利用反射理论显式地为元信息建立模型及基于协调视角的 LIME，注重计算和协调部分的分离，利用协调论的原理来解决动态性交互

- 下列说法不正确的是___(12)___。
  (12) A. 基于软件动态重配置的软件架构动态演化主要是指在软件部署之后对配置信息的修改，常被用于系统动态升级时需要进行的配置信息修改
  B. 动态重配置模式的主从模式中，主组件接收客户端的服务请求，它将工作划分给从组件，然后合并、解释、总结或整理从组件的响应
  C. 动态重配置模式的中央控制模式，一个中央控制器会控制多个组件，其状态图会维持两个状态，分别标识中央控制器是否处于空闲状态
  D. 动态重配置模式的分布式控制模式中的客户端组件需要服务器组件所提供的服务，二者通过同步消息进行交互，在客户端/服务器重配置模式中，当客户端发起的事务完成之后可以添加或删除客户端组件；当顺序服务器完成了当前的事务，或者并发服务器完成了当前事务的集合，且将新的事务在服务器消息缓冲中排队完毕之后，可以添加或删除服务器组件

答案及解析

（1）**参考答案 C**

试题解析 设计时演化是指发生在体系结构模型和与之相关的代码编译之前的软件架构演化。

（2）**参考答案 B**

试题解析 运行前演化是指发生在执行之前、编译之后的软件架构演化，这时由于应用程序并未执行，修改时可以不考虑应用程序的状态，但需要考虑系统的体系结构且系统需要具有添加和删除组件的机制。

（3）**参考答案 A**

试题解析 有限制运行时演化是指系统在设计时就规定了演化的具体条件，将系统置于"安全"模式下，演化只发生在某些特定约束满足时，可以进行一些规定好的演化操作。

（4）**参考答案 B**

试题解析 运行时演化是指系统的体系结构在运行时不能满足要求时发生的软件架构演化，包括添加组件、删除组件、升级替换组件、改变体系结构的拓扑结构等。此时的演化是最难实现的。

（5）**参考答案 C**

试题解析 软件静态演化是系统停止运行期间的修改和更新，即一般意义上的软件修复和升级。与此相对应的维护方法有三类：更正性维护、适应性维护和完善性维护。

（6）**参考答案 B**

试题解析 架构演化的可维护性度量基于组件图表示的软件架构，在较高层次上评估架构的某个原子修改操作对整个架构所产生的影响。

（7）**参考答案 B**

试题解析 动态演化是在系统运行期间的演化，在不停止系统功能的情况下完成。

（8）**参考答案 B**

试题解析 软件架构演化按照软件架构的实现方式和实施粒度分为：基于过程和函数的演化、面向对象的演化、基于组件的演化和基于架构的演化。

（9）**参考答案 A**

试题解析 软件的静态演化一般包括如下五个步骤：

软件理解：查阅软件文档，分析软件架构，识别系统组成元素及其之间的相互关系，提取系统的抽象表示形式。

需求变更分析：静态演化往往是由于用户需求变化、系统运行出错和运行环境发生改变等原因所引起的，需要找出新的软件需求与原有的差异。

演化计划：分析原系统，确定演化范围和成本，选择合适的演化计划。

系统重构：根据演化计划对系统进行重构，使之适应当前的需求。

系统测试：对演化后的系统进行测试，查找其中的错误和不足之处。

（10）**参考答案 A**

试题解析 软件的动态性分为三个级别：①交互动态性，要求数据在固定的结构下动态交互；②结构动态性，允许对结构进行修改，通常的形式是组件和连接件实例的添加和删除，这种动态性是研究和应用的主流；③架构动态性，允许软件架构的基本构造的变动，即结构可以被重新定义，如新的组件类型的定义。

（11）**参考答案 A**

试题解析 软件的动态演化主要包括属性改名、行为变化、拓扑结构改变和风格变化。

（12）**参考答案 D**

试题解析 D选项应该为客户端/服务器模式，而分布式控制模式下系统的功能整合在多个分布式控制组件之中。

10.4 软件架构演化原则

- ___（1）___用于判断架构演化的成本是否在可控范围内，以及用户是否可接受。

  （1）A．进度可控原则　　　　　　　　B．演化成本控制原则

  　　C．风险可控原则　　　　　　　　D．平滑演化原则

- ___（2）___是指在软件系统的生命周期里，软件的演化速率趋于稳定，如相邻版本的更新率相对固定。

  （2）A．平移演化原则　　　　　　　　B．固定演化原则

  　　C．可变演化原则　　　　　　　　D．平滑演化原则

- ___（3）___用于判断每个演化过程是否达到阶段目标，所有演化过程结束是否能达到最终目标。

  （3）A．适应新技术原则　　　　　　　B．质量向好原则

  　　C．目标一致原则　　　　　　　　D．适应新需求原则

- 根据适应新需求原则，___（4）___指标表示架构演化后适应新需求的能力更强。

  （4）A．RNR 值增加　　　　　　　　　B．RNR 值减少

  　　C．ANR 值减少　　　　　　　　　D．|NR|值增加

- 根据环境适应性原则，___（5）___度量方案可以用来评估架构演化后的环境适应性。

  （5）A．硬件/软件兼容性　　　　　　　B．架构的可维护性

  　　C．架构的复杂性　　　　　　　　D．架构的扩展性

- 根据有利于重构原则，___（6）___度量方案可以用来评估架构演化后的易重构性。

  （6）A．检查系统的复杂度指标　　　　 B．检查系统的可维护性指标

  　　C．检查系统的性能指标　　　　　D．检查系统的用户满意度

- 根据系统总体结构优化原则，___（7）___度量方案可以用来评估架构演化后的整体结构优劣。

  （7）A．检查系统的整体可靠性和性能指标　B．检查系统的模块化程度

  　　C．检查系统的可扩展性　　　　　D．检查系统的用户满意度

- 软件中各模块（相同制品的模块，如 Java 的某个类或包）自身的演化最好相互独立，或者至少保证对其他模块的影响比较小或影响范围比较小属于___（8）___原则。软件中一个模块如果发生变更，其给其他模块带来的影响要在可控范围内属于___（9）___原则。

  （8）A．模块独立演化　　　　　　　　B．影响可控

  　　C．高内聚原则　　　　　　　　　D．复杂性可控原则

  （9）A．模块独立演化　　　　　　　　B．影响可控

  　　C．高内聚原则　　　　　　　　　D．复杂性可控原则

- 下列不属于架构可持续演化原则的是___（10）___。

  （10）A．进度可控原则　　　　　　　　B．风险可控原则

  　　　C．高内聚原则　　　　　　　　D．目标一致原则

答案及解析

（1）**参考答案 B**

试题解析 演化成本控制原则：演化成本要控制在预期的范围之内，也就是演化成本要明显小于重新开发成本。

（2）**参考答案 D**

试题解析 平滑演化原则：在软件系统的生命周期里，软件的演化速率趋于稳定，如相邻版本的更新率相对固定。

（3）**参考答案 C**

试题解析 目标一致原则：架构演化的阶段目标和最终目标要一致。

（4）**参考答案 B**

试题解析 适应新需求原则强调架构演化应容易适应新的需求变更，并不降低原有架构适应新需求的能力，最好能提高这种能力。度量方案 RNR=|ANR|/|NR|，其中 RNR 值越小，表示适应的新需求集合（ANR）相对于实际新需求集合（NR）的比例越高，即架构演化后适应新需求的能力更强。因此，B 选项"RNR 值减少"是表示架构演化后适应新需求能力更强的指标。A 选项"RNR 值增加"表示适应能力减弱，C 选项"ANR 值减少"和 D 选项"|NR|值增加"都不直接反映架构适应新需求的能力。

（5）**参考答案 A**

试题解析 环境适应性原则强调架构演化后的软件版本应能够容易适应新的硬件环境和软件环境。度量方案是结合软件质量中的兼容性指标进行度量，即硬件/软件兼容性。这种度量可以帮助判断架构在不同环境下是否仍然可用，或者是否容易进行环境配置。因此，A 选项"硬件/软件兼容性"是用于评估架构演化后环境适应性的度量方案。B 选项"架构的可维护性"、C 选项"架构的复杂性"和 D 选项"架构的扩展性"虽然也是软件质量的指标，但它们并不直接评估架构的环境适应性。

（6）**参考答案 A**

试题解析 有利于重构原则强调架构演化应遵循有利于重构的原则，使得演化后的软件架构更便于重构。度量方案是检查系统的复杂度指标，因为系统越复杂，重构就越困难。通过评估系统的复杂度，可以判断架构易重构性是否得到提高。因此，A 选项"检查系统的复杂度指标"是用于评估架构演化后易重构性的度量方案。B 选项"检查系统的可维护性指标"、C 选项"检查系统的性能指标"和 D 选项"检查系统的用户满意度"虽然也是软件质量的指标，但它们并不直接评估架构的易重构性。

（7）**参考答案 A**

试题解析 系统总体结构优化原则要求架构演化应使演化后的软件系统整体结构更加合理。度量方案是检查系统的整体可靠性和性能指标，因为这两个指标是判断整体结构优劣的主要指标。通过评估系统的可靠性和性能，可以判断系统整体结构是否合理且最优。因此，A 选项"检查系统的整体可靠性和性能指标"是用于评估架构演化后整体结构优劣的度量方案。B 选项"检查系统的模块化程度"、C 选项"检查系统的可扩展性"和 D 选项"检查系统的用户满意度"虽然也是软件质量的指标，但它们并不直接评估系统整体结构的优劣。

（8）（9）**参考答案 A B**

试题解析 模块自身的演化相对独立顾名思义是模块独立演化原则。影响可控当然也属于影响可控原则。

（10）**参考答案 C**

试题解析 18 种软件架构可持续演化原则如下：
1）演化成本控制原则：演化成本要控制在预期的范围之内。
2）进度可控原则：架构演化要在预期的时间内完成。
3）风险可控原则：架构演化中的经济风险、时间风险、人力风险、技术风险和环境风险在可控范围内。
4）主体维持原则：软件演化的平均增量的增长须保持平稳，保证软件系统主体行为稳定。
5）系统总体结构优化原则：使演化后的软件系统整体结构（布局）更加合理。
6）平滑演化原则：软件的演化速率须趋于稳定。
7）目标一致原则：架构演化的阶段目标和最终目标要一致。
8）模块独立演化原则：软件中各模块自身的演化最好相互独立。
9）影响可控原则：如果一个模块发生变更，给其他模块带来的影响在可控范围内。
10）复杂性可控原则：必须控制架构的复杂性，保障软件的复杂性在可控范围内。
11）有利于重构原则：使演化后软件架构便于重构。
12）有利于重用原则：演化最好能维持，甚至提高整体架构的可重用性。
13）设计原则遵循性原则：架构演化最好不与架构设计原则冲突。
14）适应新技术原则：软件要独立于特定的技术手段，可运行于不同平台。
15）环境适应性原则：架构演化后的软件版本比较容易适应新的硬件环境和软件环境。
16）标准依从性原则：演化不违背相关质量标准（国际标准、国家标准、行业标准等）。
17）质量向好原则：使所关注的某个质量指标或质量指标的综合效果变得更好。
18）适应新需求原则：很容易适应新的需求变更。

10.5　软件架构演化评估方法

- 演化过程已知的评估其目的在于通过对架构演化过程进行度量，比较架构内部结构上的差异以及由此导致的外部质量属性上的变化，对该演化过程中相关_____（1）_____进行评估。

  （1）A．模块属性　　　　　　　　　B．对象属性

  　　C．功能属性　　　　　　　　　D．质量属性

- 架构演化评估的基本思路是将架构度量应用到演化过程中，通过对演化前后的___（2）___的架构分别进行度量，得到度量结果的差值及其变化趋势，并计算架构间质量属性距离，进而对相关质量属性进行评估。

  （2）A．不同版本　　　B．全部版本　　　C．相同版本　　　D．前后版本

- 在软件架构演化过程中，若演化操作对架构质量属性的影响符合预期，则说明演化是成功的，___（3）___是这一演化成功的标志。

  （3）A．架构的可维护性降低　　　　　B．圈复杂度增加

  　　C．模块间耦合度降低　　　　　　D．架构变得更加复杂

- 基于度量的架构演化评估方法的主要目的是___（4）___。

  （4）A．减少软件架构的复杂性　　　　B．分析架构修改对外部质量属性的影响

  　　C．增加架构的圈复杂度　　　　　D．降低架构的可维护性

- 架构演化评估中，对演化前后的架构进行度量的主要目的是___（5）___。

  （5）A．减少架构的复杂性　　　　　　B．计算架构间质量属性距离

  　　C．增加架构的圈复杂度　　　　　D．降低架构的可维护性

- 下列活动不属于演化过程未知评估的活动过程的是___（6）___。

  （6）A．演化前和演化后架构度量　　　B．演化前和演化后架构质量属性变化

  　　C．架构演化操作集合　　　　　　D．架构演化后总结

答案及解析

（1）**参考答案** D

试题解析　演化过程已知的评估其目的在于通过对架构演化过程进行度量，比较架构内部结构上的差异以及由此导致的外部质量属性上的变化，对该演化过程中相关质量属性进行评估。

（2）**参考答案** A

试题解析　架构演化评估的基本思路是将架构度量应用到演化过程中，通过对演化前后的不同版本的架构分别进行度量，得到度量结果的差值及其变化趋势，并计算架构间质量属性距离，进而对相关质量属性进行评估。

（3）**参考答案** C

试题解析　在软件架构演化中，如果演化操作对架构相关质量属性的影响符合预期，如重构代码以使架构更加清晰、易于维护和扩展，并且分析结果显示架构的可维护性确实得到了提高（如圈复杂度减少、模块间耦合度降低等），则说明这次演化是成功的。C选项"模块间耦合度降低"正是这一演化成功的标志。A选项"架构的可维护性降低"和B选项"圈复杂度增加"都是演化失败的标志，D选项"架构变得更加复杂"不符合演化成功的标准。

（4）**参考答案** B

试题解析　基于度量的架构演化评估方法的基本思路是通过比较演化前后的软件架构度量，来

分析架构内部结构的修改对外部质量属性的影响。这种方法可以帮助监控演化过程中架构质量的变化，归纳架构演化趋势，并支持开发和维护工作的开展。因此，B选项"分析架构修改对外部质量属性的影响"是这种方法的主要目的。A选项"减少软件架构的复杂性"、C选项"增加架构的圈复杂度"和D选项"降低架构的可维护性"都不是基于度量的架构演化评估方法的目的。

（5）**参考答案 B**

试题解析 架构演化评估的基本思路是将架构度量应用到演化过程中，通过对演化前后的不同版本的架构分别进行度量，得到度量结果的差值及其变化趋势，并计算架构间质量属性距离。这样做的目的是对相关质量属性进行评估，从而更好地理解和控制架构的演化过程。因此，B选项"计算架构间质量属性距离"是这一过程的主要目的。A选项"减少架构的复杂性"、C选项"增加架构的圈复杂度"和D选项"降低架构的可维护性"都不是架构演化评估的主要目的。

（6）**参考答案 D**

试题解析 演化过程未知评估的活动过程，如下图所示：

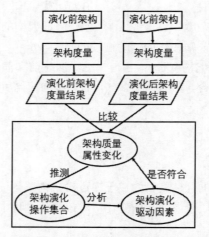

演化过程未知时的架构演化评估过程示意图

10.6 大型网站系统架构演化实例

- ___（1）___ 的访问速度更快一些，但是受到应用服务器内存限制，其缓存数据量有限，而且会出现和应用程序争用内存的情况。

  （1）A．本地缓存　　　B．数据库缓存　　　C．分布式缓存　　　D．远程缓存

- ___（2）___ 可以使用集群的方式，部署大内存的服务器作为专门的缓存服务器，可以在理论上做到不受内存容量限制的缓存服务。

  （2）A．本地分布式缓存　　　　　　　　B．独立分布式缓存
  　　　C．远程分布式缓存　　　　　　　　D．集群分布式缓存

- CDN 和反向代理的基本原理都是___(3)___。
  （3）A．集群　　　　　B．分布式　　　　C．缓存　　　　　D．转发
- ___(4)___对可伸缩的分布式特性具有更好的支持。
  （4）A．非关系型数据库　　　　　　B．关系型数据库
  　　　C．分布式缓存　　　　　　　　D．本地数据库
- 大型网站为了应对日益复杂的业务场景，通过使用分而治之的手段将整个网站业务分成不同的产品线，如大型购物交易网站都会将首页、商铺、订单、买家、卖家等拆分成不同的产品线，分归不同的业务团队负责，这个叫和___(5)___。
  （5）A．数据拆分　　　　　　　　　B．对象拆分
  　　　C．模块拆分　　　　　　　　　D．业务拆分
- 在大规模网站中，业务拆分和存储系统扩大的情况下，可能会出现___(6)___。
  （6）A．应用系统部署维护变得简单　B．数据库连接资源充足
  　　　C．整体复杂度指数级增加　　　D．服务器规模线性减少
- 为了提高网站访问速度并留住用户，___(7)___不是常用的手段。
  （7）A．使用 CDN　　　　　　　　　B．使用反向代理
  　　　C．减少网站内容　　　　　　　D．优化数据库查询
- 为了改善数据库负载压力，网站可以___(8)___。
  （8）A．减少数据读写操作　　　　　B．使用 CDN 加速数据库访问
  　　　C．将数据库读写分离　　　　　D．增加更多的数据库服务器
- 据二八定律，网站通过缓存策略来提高数据访问速度和改善数据库性能，以下说法正确的是___(9)___。
  （9）A．缓存所有数据在内存中　　　B．只缓存 80%的业务访问数据在内存中
  　　　C．缓存 20%的数据在内存中　　D．不使用缓存，直接访问数据库
- 大型网站在面对处理能力和存储空间不足时，通常采取的解决方案是___(10)___。
  （10）A．更换更强大的服务器　　　　B．减少网站内容和服务
  　　　C．增加一台服务器以分担压力　D．优化现有服务器的软件配置

答案及解析

（1）**参考答案 A**

试题解析　本地缓存的访问速度更快一些，但是受到应用服务器内存限制，其缓存数据量有限，而且会出现和应用程序争用内存的情况。

（2）**参考答案 C**

试题解析　远程分布式缓存可以使用集群的方式，部署大内存的服务器作为专门的缓存服务器，可以在理论上做到不受内存容量限制的缓存服务。

(3) **参考答案** C

试题解析 CDN 和反向代理的基本原理都是缓存。

(4) **参考答案** A

试题解析 非关系型数据库对可伸缩的分布式特性具有更好的支持。

(5) **参考答案** D

试题解析 A 选项数据拆分指的是将数据库中的数据根据某种逻辑进行分割，以提高数据处理效率或满足特定的数据管理需求。B 选项对象拆分是指将复杂的对象分解为更小的、更易于管理的部分。C 选项模块拆分通常指的是在软件开发过程中，将系统划分为多个相互独立但又相互协作的模块。D 选项业务拆分是将整体业务根据功能或业务领域拆分为多个独立的部分，每个部分由不同的团队负责。题干中"将首页、商铺、订单、买家、卖家等拆分成不同的产品线，分归不同的业务团队负责"也就是分成不同的业务功能，属于业务拆分范畴。

(6) **参考答案** C

试题解析 随着业务拆分越来越小，存储系统越来越庞大，应用系统的整体复杂度会呈指数级增加，这会导致部署维护变得更加困难。在数万台服务器规模的网站中，所有应用需要与所有数据库系统连接，这些连接数目是服务器规模的平方，这可能导致数据库连接资源不足，从而出现拒绝服务的情况。因此，C 选项"整体复杂度指数级增加"是这种情况可能会出现的问题。

(7) **参考答案** C

试题解析 为了提供更好的用户体验并留住用户，网站需要提高访问速度。常用的手段包括使用 CDN（内容分发网络）和反向代理。这两种技术的基本原理都是缓存，通过缓存内容来减少访问延迟。C 选项"减少网站内容"并不是提高网站访问速度的常用手段，而且可能会影响用户体验。D 选项"优化数据库查询"虽然可以提高网站性能，但并不直接关联到提高网站访问速度。

(8) **参考答案** C

试题解析 当网站用户规模达到一定程度后，数据库可能因为负载压力过高而遇到瓶颈。为了改善这种情况，网站可以利用数据库的主从热备功能，通过配置两台数据库的主从关系，实现数据库读写分离。这样，读操作可以通过从数据库完成，而写操作则由主数据库处理，从而有效改善数据库的负载压力。C 选项"将数据库读写分离"正是对这一策略的描述。A 选项"减少数据读写操作"可能会影响网站的功能，B 选项"使用 CDN 加速数据库访问"与数据库负载压力的改善无直接关系，D 选项"增加更多的数据库服务器"虽然可以分散负载，但并不如读写分离策略高效。

(9) **参考答案** C

试题解析 根据二八定律，网站 80%的业务访问集中在 20%的数据上。因此，如果把这一小部分数据（即 20%的数据）缓存在内存中，可以显著减少数据库的访问压力，提高整个网站的数据访问速度，同时改善数据库的写入性能。C 选项"缓存 20%的数据在内存中"正是对这种策略的描述。A 选项"缓存所有数据在内存中"可能不切实际且成本高昂，B 选项"只缓存 80%的业务访问数据在内存中"与二八定律的应用不符，D 选项"不使用缓存，直接访问数据库"则无法提高数据访问速度。

（10）**参考答案 C**

试题解析 对于大型网站而言,单台服务器的处理能力和存储空间往往难以满足持续增长的业务需求。在这种情况下,更合适的做法是采用集群策略,通过增加一台或多台服务器来分担原有服务器的访问和存储压力。这种水平扩展的方式可以有效解决高并发和海量数据问题。C 选项"增加一台服务器以分担压力"正是对这种策略的描述。A 选项"更换更强大的服务器"可能短期内有效,但长期来看无法满足持续增长的需求,B 选项"减少网站内容和服务"会影响用户体验,D 选项"优化现有服务器的软件配置"虽然可以提高效率,但无法根本解决硬件资源不足的问题。

10.7 软件架构维护

- 软件架构___（1）___是对架构设计中所隐含的决策来源进行文档化表示,进而在架构维护过程中帮助维护人员对架构的修改进行完善的考虑,并能够为其他软件架构的相关活动提供参考。

  （1）A．信息管理　　　　　　　　B．文档管理
  　　C．过程管理　　　　　　　　D．知识管理

- 软件架构___（2）___为软件架构演化的版本演化控制、使用和评价等提供了可靠的依据,并为架构演化量化度量奠定了基础。

  （2）A．控制管理　　　　　　　　B．评价管理
  　　C．版本管理　　　　　　　　D．基础管理

- 好的架构设计应该遵循___（3）___的原则。

  （3）A．低内聚-高耦合　　　　　　B．高内聚-高耦合
  　　C．低内聚-低耦合　　　　　　D．高内聚-低耦合

- 扇入扇出度越大,表明该组件与其他组件间的接口关联或依赖关联___（4）___。

  （4）A．越多　　　　　　　　　　B．无关
  　　C．越少　　　　　　　　　　D．相同

- 在软件架构修改管理中,一个主要的做法就是建立一个___（5）___保障该区域中任何修改对其他部分的影响比较小,甚至没有影响。

  （5）A．修改区　　　　　　　　　B．隔离区
  　　C．保障区　　　　　　　　　D．交叉区

- 在软件架构的生命周期中,___（6）___不直接与软件架构的维护和演化相关。

  （6）A．导出架构需求　　　　　　B．架构开发
  　　C．架构文档化　　　　　　　D．软件系统的用户培训

- 在软件架构设计中,对组件图进行圈复杂度度量的目的是___（7）___。

  （7）A．评估系统的整体性能　　　　B．评估系统的复杂程度和测试复杂度
  　　C．描述组件之间的数据流　　　D．确定组件的功能需求

- 下列不属于软件架构可维护性度量指标的是___(8)___。
  (8) A．圈复杂度 B．扇入扇出
      C．模块的响应 D．净现值
- 使用 McCabe 方法可以计算程序流程图的圈复杂度，下图的圈复杂度为___(9)___。
  (9) A．3 B．4 C．5 D．6

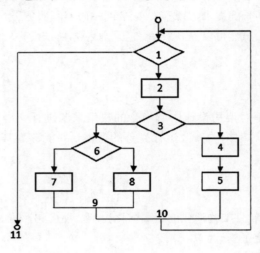

答案及解析

（1）**参考答案** D

试题解析 软件架构知识管理是对架构设计中所隐含的决策来源进行文档化表示，进而在架构维护过程中帮助维护人员对架构的修改进行完善的考虑，并能够为其他软件架构的相关活动提供参考。

（2）**参考答案** C

试题解析 软件架构版本管理为软件架构演化的版本演化控制、使用和评价等提供了可靠的依据，并为架构演化量化度量奠定了基础。

（3）**参考答案** D

试题解析 好的架构设计应该遵循"高内聚-低耦合"原则，提高模块的独立性，降低模块间接口调用的复杂性。

（4）**参考答案** A

试题解析 扇入扇出度越大，表明该组件与其他组件间的接口关联或依赖关联越多。

（5）**参考答案** B

试题解析 在软件架构修改管理中，一个主要的做法就是建立一个隔离区域保障该区域中任何修改对其他部分的影响比较小，甚至没有影响。

（6）**参考答案** D

试题解析 软件架构的生命周期包括多个关键环节，如导出架构需求、架构开发、架构文档化、架构分析、架构实现和架构维护。这些步骤都与软件架构的开发和维护紧密相关，其中维护特别涉及对架构演化过程的追踪和控制。D 选项"软件系统的用户培训"虽然对软件的成功应用至关重要，但并不直接与软件架构的维护和演化相关。

（7）**参考答案** B

试题解析 在组件图中，每个组件代表一个系统或子系统中的封装单位，封装了完整的事务处理行为。通过组件之间的控制依赖关系，组件图能够体现整个系统的组成结构。对架构的组件图进行圈复杂度的度量，主要是为了对整个系统的复杂程度做出初步评估，以便在设计早期发现问题和做出调整，并预测待评估系统的测试复杂度，及早规避风险，提高软件质量。圈复杂度高的程序往往是最容易出现错误的程序，因此这种度量有助于提高软件质量。B 选项正确地描述了这一目的。

（8）**参考答案** D

试题解析 架构可维护性的六个度量指标：圈复杂度、扇入扇出度、模块间耦合度、模块的响应、紧内聚度、松内聚度。

（9）**参考答案** B

试题解析 圈复杂度有个简单的公式，圈复杂度=闭环+1=3+1=4，这里的闭环是指图中的封闭空间，而加的 1 指图以外的外部空间。

第11章 未来信息综合技术

11.1 信息物理系统技术概述

- ___(1)___ 是通过集成先进的感知、计算、通信、控制等信息技术和自动控制技术,构建了物理空间与信息空间中人、机、物、环境、信息等要素相互映射、适时交互、高效协同的复杂系统,实现系统内资源配置和运行的按需响应、快速迭代、动态优化。

    (1) A. CPS   B. CISP   C. CPA   D. SoS

- CPS 技术体系的四大核心技术要素中"一平台"是指___(2)___。___(3)___是 CPS 的核心。

    (2) A. 感知和自动控制   B. 工业软件

       C. 工业网络   D. 工业云和智能服务平台

    (3) A. 感知和自动控制   B. 工业软件

       C. 工业网络   D. 工业云和智能服务平台

- 信息物理系统(Cyber-Physical Systems,CPS)的体系架构分为单元级、系统级和___(4)___。

    (4) A. SoS 级   B. 物理级

       C. 工序级   D. 用户级

- 下列关于系统级 CPS 的说法不正确的是___(5)___。

    (5) A. 系统级 CPS 基于多个单元级 CPS 的状态感知、信息交互、实时分析,实现了局部制造资源的自组织、自配置、自决策、自优化

       B. 系统级 CPS 还主要包含互联互通、即插即用、边缘网关、数据互操作、协同控制、监视与诊断等功能

       C. 系统级 CPS 主要实现数据的汇聚,从而对内进行资产的优化和对外形成运营优化服务

       D. 系统级 CPS 可以由多个最小单元(单元级)通过网络互联组成

- 下列不属于 CPS 技术体系的是＿＿（6）＿＿。
  （6）A．CPS 总体技术　　　　　　　B．CPS 支撑技术
  　　　C．CPS 保障技术　　　　　　　D．CPS 核心技术
- 下列关于 CPS 技术体系的说法，正确的是＿＿（7）＿＿。
  （7）A．CPS 技术体系主要分为 CPS 总体技术、CPS 支撑技术、CPS 核心技术
  　　　B．CPS 支撑技术主要包括系统架构、异构系统集成、安全技术、试验验证技术等，是 CPS 的顶层设计技术
  　　　C．CPS 核心技术主要包括智能感知、嵌入式软件、数据库、人机交互、中间件、SDN（软件定义网络）、物联网、大数据等，是基于 CPS 应用的支撑
  　　　D．CPS 总体技术主要包括虚实融合控制、智能装备、MBD、数字孪生技术、现场总线、工业以太网、CAXIMES\ERP\PLM\CRMISCM 等，是 CPS 的基础技术
- ＿＿（8）＿＿是多层"感知-分析-决策-执行"循环，建立在状态感知的基础上，感知往往是实时进行的，向更高层次同步或即时反馈。包括嵌入控制、虚体控制、集控控制和目标控制四个层次。其中＿＿（9）＿＿主要针对物理实体进行控制；＿＿（10）＿＿是指在信息空间进行的控制计算，主要针对信息虚体进行控制；＿＿（11）＿＿是指在信息空间内，主要通过 CPS 总线的方式进行信息虚体的集成和控制；＿＿（12）＿＿是指在实际生产的测量结果或追溯信息收集到产品数据过程中，通过即时比对来判断生产是否达成目标。
  （8）A．CPS 感知系统控制　　　　　　B．CPS 虚实融合控制
  　　　C．CPS 虚拟融合控制　　　　　　D．CPS 智能控制
  （9）A．嵌入控制　　B．虚体控制　　C．集控控制　　D．目标控制
  （10）A．嵌入控制　　B．虚体控制　　C．集控控制　　D．目标控制
  （11）A．嵌入控制　　B．虚体控制　　C．集控控制　　D．目标控制
  （12）A．嵌入控制　　B．虚体控制　　C．集控控制　　D．目标控制
- 下列不属于 CPS 典型应用场景的是＿＿（13）＿＿。
  （13）A．产品及工艺设计　　　　　　B．柔性制造应用场景
  　　　C．智能维护　　　　　　　　　D．人工智能
- CPS 的建设不可能一蹴而就，一定是循序渐进、逐渐深入的，其建设路径可以分为如下几个阶段：＿＿（14）＿＿、单元级 CPS 建设、系统级 CPS 建设和 SoS 级 CPS 建设。
  （14）A．CPS 战略规划　　　　　　　B．CPS 体系设计
  　　　C．CPS 概念设计　　　　　　　D．CPS 结构建设

答案及解析

（1）**参考答案** A

试题解析　信息物理系统（Cyber-Physical Systems，CPS）是通过集成先进的感知、计算、通

信、控制等信息技术和自动控制技术，构建了物理空间与信息空间中人、机、物、环境、信息等要素相互映射、适时交互、高效协同的复杂系统，实现系统内资源配置和运行的按需响应、快速迭代、动态优化。

（2）（3）参考答案 D B

试题解析 CPS 技术体系的四大核心技术要素："一硬"（感知和自动控制，是 CPS 实现的硬件支撑）、"一软"（工业软件，是 CPS 的核心）、"一网"（工业网络，是网络载体）、"一平台"（工业云和智能服务平台，是支撑上层解决方案的基础）。

（4）参考答案 A

试题解析 基于对信息物理系统（Cyber-Physical Systems，CPS）的体系架构，有最小单元级 CPS 体系架构，然后逐级扩展出系统级和 SoS 级两个层级的体系架构。

（5）参考答案 C

试题解析 SoS 级 CPS 主要实现数据的汇聚，从而对内进行资产的优化和对外形成运营优化服务。

（6）参考答案 C

试题解析 CPS 技术体系主要分为 CPS 总体技术、CPS 支撑技术、CPS 核心技术。

（7）参考答案 A

试题解析 CPS 技术体系主要分为 CPS 总体技术、CPS 支撑技术、CPS 核心技术。CPS 总体技术主要包括系统架构、异构系统集成、安全技术、试验验证技术等，是 CPS 的顶层设计技术；CPS 支撑技术主要包括智能感知、嵌入式软件、数据库、人机交互、中间件、SDN（软件定义网络）、物联网、大数据等，是基于 CPS 应用的支撑；CPS 核心技术主要包括虚实融合控制、智能装备、MBD、数字孪生技术、现场总线、工业以太网、CAX\MES\ERP\PLM\CRM\SCM 等，是 CPS 的基础技术。

（8）（9）（10）（11）（12）参考答案 B A B C D

试题解析 CPS 虚实融合控制是多层"感知-分析-决策-执行"循环，建立在状态感知的基础上，感知往往是实时进行的，向更高层次同步或即时反馈。包括嵌入控制、虚体控制、集控控制和目标控制四个层次。其中嵌入控制主要针对物理实体进行控制；虚体控制是指在信息空间进行的控制计算，主要针对信息虚体进行控制；集控控制是指在信息空间内，主要通过 CPS 总线的方式进行信息虚体的集成和控制；目标控制是指在实际生产的测量结果或追溯信息收集到产品数据过程中，通过即时比对来判断生产是否达成目标。

（13）参考答案 D

试题解析 D 选项人工智能不属于 CPS 的领域。

（14）参考答案 B

试题解析 CPS 的建设可以分为如下几个阶段：CPS 体系设计、单元级 CPS 建设、系统级 CPS 建设和 SoS 级 CPS 建设。

11.2 人工智能技术概述

- 语音识别、图像处理和物体分割、机器翻译属于___(1)___。
  (1) A．弱人工智能   B．强人工智能   C．商业智能   D．机器智能
- 下列不属于人工智能关键技术的是___(2)___。
  (2) A．自然语言处理   B．计算机视觉   C．知识图谱   D．CPS
- ___(3)___是结构化的语义知识库，是一种由节点和边组成的图数据结构，以符号形式描述物理世界中的概念及其相互关系。就是把所有不同种类的信息连接在一起而得到的一个关系网络，提供了从"关系"的角度去分析问题的能力。
  (3) A．知识图谱   B．知识地图   C．知识库   D．关系网络
- 人工智能的关键技术包括自然语言处理、计算机视觉、知识图谱、机器学习。机器学习分类中___(4)___是利用已标记的有限训练数据集，通过某种学习策略/方法建立一个模型，从而实现对新数据/实例的标记/映射。___(5)___不需要提供标注的样本集，___(6)___需要反馈机制。
  (4) A．监督学习   B．无监督学习   C．半监督学习   D．强化学习
  (5) A．监督学习   B．无监督学习   C．半监督学习   D．强化学习
  (6) A．监督学习   B．无监督学习   C．半监督学习   D．强化学习
- 图论推理算法或者拉普拉斯支持向量机等属于人工智能中机器学习的___(7)___模式。Q-Learning、时间差学习等属于___(8)___模式。
  (7) A．监督学习   B．无监督学习   C．半监督学习   D．强化学习
  (8) A．监督学习   B．无监督学习   C．半监督学习   D．强化学习
- 关于机器学习，说法不正确的是___(9)___。
  (9) A．按照学习模式的不同，机器学习可分为监督学习、无监督学习、半监督学习、强化学习
      B．按照学习方法的不同，机器学习可分为传统机器学习和深度学习
      C．机器学习的常见算法还包括迁移学习、被动学习和演化学习
      D．主流的机器学习技术是黑箱技术
- 关于机器学习，说法正确的是___(10)___。
  (10) A．深度学习需要人工特征提取及大量的训练数据集以及强大的CPU服务器来提供算力
       B．深度学习是一种基于多层神经网络并以海量数据作为输入规则的自学习方法，依靠提供给它的大量实际行为数据（训练数据集），进行参数和规则调整
       C．主动学习是指当在某些领域无法取得足够多的数据进行模型训练时，利用另一领域数据获得的关系进行的学习
       D．迁移学习通过一定的算法查询最有用的未标记样本，并交由专家进行标记，然后用查询到的样本训练分类模型来提高模型的精度。主动学习能够选择性地获取知识，通过较少的训练样本获得高性能的模型

答案及解析

（1）参考答案 A

试题解析 目前的主流研究仍然集中于弱人工智能，并取得了显著进步，在语音识别、图像处理和物体分割、机器翻译等方面都取得了重大突破，某些方面甚至可以接近或超越人类水平。

（2）参考答案 D

试题解析 人工智能关键技术如下：

1）自然语言处理：包括机器翻译、语义理解、问答系统等。

2）计算机视觉：如自动驾驶、机器人、智能医疗。

3）知识图谱：可用于反欺诈、不一致性验证、组团欺诈等对公共安全保障形成威胁的领域。

4）人机交互：传统的基本交互、图形交互、语音交互、情感交互、体感交互及脑机交互等。

5）虚拟现实或增强现实：在一定范围内生成与真实环境在视觉、听觉等方面高度近似的数字化环境。

6）机器学习。

（3）参考答案 A

试题解析 知识图谱本质上是结构化的语义知识库，是一种由节点和边组成的图数据结构，以符号形式描述物理世界中的概念及其相互关系。知识图谱就是把所有不同种类的信息连接在一起而得到的一个关系网络，提供了从"关系"的角度去分析问题的能力。

（4）（5）（6）参考答案 A B D

试题解析 机器学习按学习模式不同分为监督学习（需提供标注的样本集）、无监督学习（不需提供标注的样本集）、半监督学习（需提供少量标注的样本集）、强化学习（需反馈机制）。

（7）（8）参考答案 C D

试题解析 半监督学习介于监督学习与无监督学习之间，可以利用少量的标注样本和大量的未标识样本进行训练和分类，从而达到减少标注代价、提高学习能力的目的。半监督学习的应用场景包括分类和回归，算法包括一些常用监督学习算法的延伸，这些算法首先试图对未标识数据进行建模，在此基础上再对标识的数据进行预测。例如，图论推理算法或者拉普拉斯支持向量机等。强化学习是一种通过智能体与环境互动来学习最优策略的方法。在这个过程中，智能体观察环境的状态，执行特定的动作，并根据环境的反馈（奖励或惩罚）来调整其策略，以期望在未来获得更大的累积奖励。目前，强化学习在机器人控制、无人驾驶、工业控制等领域获得成功应用。强化学习的常见算法包括 Q-Learning、时间差学习等。

（9）参考答案 C

试题解析 机器学习的常见算法还包括迁移学习、主动学习和演化学习。

（10）参考答案 B

试题解析 A 选项深度学习不需要人工特征提取，但需要大量的训练数据集以及强大的 GPU

服务器来提供算力。C 选项应该为迁移学习是指当在某些领域无法取得足够多的数据进行模型训练时，利用另一领域数据获得的关系进行的学习。D 选项应为主动学习通过一定的算法查询最有用的未标记样本，并交由专家进行标记，然后用查询到的样本训练分类模型来提高模型的精度。主动学习能够选择性地获取知识，通过较少的训练样本获得高性能的模型。

11.3 机器人技术概述

- 下列不属于机器人三个必要条件的是___（1）___。
  （1）A．具有脑、手、脚等三要素的个体
  　　B．具有非接触传感器（用眼、耳接收远方信息）和接触传感器
  　　C．具有视觉和问答功能
  　　D．具有平衡觉和固有觉的传感器
- 下列不属于机器人的核心技术的是___（2）___。
  （2）A．云-边-端协同计算　　　　　B．系统集成
  　　C．知识图谱　　　　　　　　　D．场景自适应
- 下列关于机器人的核心技术的说法，正确的是___（3）___。
  （3）A．云-边-端一体的机器人系统是面向大规模机器人的服务平台，信息处理和生成主要在云-边-端上分布处理完成。云侧用来进一步处理数据并实现协同和共享，边缘侧可以提供高性能的计算和知识存储
  　　B．机器人学习过程中，主要采用的方法是基于大量数据进行的半监督学习方法
  　　C．知识图谱需要更加动态和个性化的知识
  　　D．场景自适应是机器人通过对场景内的各种人和物进行细致的观察，结合相关的知识和模型进行分析并预测之后事件即将发生的时间，改变自己的行为模式

答案及解析

（1）**参考答案 C**

试题解析　机器人的三个必要条件为：
1）具有脑、手、脚等三要素的个体。
2）具有非接触传感器（用眼、耳接收远方信息）和接触传感器。
3）具有平衡觉和固有觉的传感器。

（2）**参考答案 B**

试题解析　机器人 4.0 的核心技术包括云-边-端的无缝协同计算、持续学习与协同学习、知识图谱、场景自适应和数据安全。

(3) 参考答案 C

试题解析 A选项云侧可以提供高性能的计算和知识存储,边缘侧用来进一步处理数据并实现协同和共享。B选项机器人学习过程中,主要采用的方法是基于大量数据进行的监督学习方法,非半监督学习。D选项场景预测是机器人通过对场景内的各种人和物进行细致的观察,结合相关的知识和模型进行分析并预测之后事件即将发生的时间,改变自己的行为模式。

11.4 边缘计算概述

- ___(1)___是一种将主要处理和数据存储放在网络的边缘节点的分布式计算形式。___(2)___不属于边缘计算的特点。边缘计算的基础是___(3)___。
  (1) A. 边缘计算   B. 分布式数据库   C. 数据存储   D. 网络边缘化
  (2) A. 联接性   B. 约束性   C. 分布性   D. 完整性
  (3) A. 联接性   B. 约束性   C. 分布性   D. 完整性

- 边云协同主要包括六种协同:资源协同、数据协同、智能协同、应用管理协同、业务管理协同、___(4)___。___(5)___是边缘节点主要负责现场/终端数据的采集,按照规则或数据模型对数据进行初步处理与分析,并将处理结果以及相关数据上传给云端;云端提供海量数据的存储、分析与价值挖掘。___(6)___是边缘节点按照AI模型执行推理,实现分布式智能;云端开展AI的集中式模型训练,并将模型下发边缘节点。___(7)___是边缘节点提供模块化、微服务化的应用/数字孪生/网络等应用实例;云端主要提供按照客户需求实现应用/数字孪生/网络等的业务编排能力。
  (4) A. 服务协同   B. 业务协同   C. 软件协同   D. 基础协同
  (5) A. 服务协同   B. 数据协同   C. 智能协同   D. 业务管理协同
  (6) A. 服务协同   B. 数据协同   C. 智能协同   D. 业务管理协同
  (7) A. 服务协同   B. 数据协同   C. 智能协同   D. 业务管理协同

答案及解析

(1)(2)(3) 参考答案 A D A

试题解析 边缘计算是一种将主要处理和数据存储放在网络的边缘节点的分布式计算形式。边缘计算具有以下特点:

1) 联接性:联接性是边缘计算的基础。所联接物理对象的多样性及应用场景的多样性,需要边缘计算具备丰富的联接功能,如各种网络接口、网络协议、网络拓扑、网络部署与配置、网络管理与维护。

2) 数据第一入口:边缘计算作为物理世界到数字世界的桥梁,是数据的第一入口,拥有大量、实时、完整的数据,可基于数据全生命周期进行管理与价值创造,将更好地支撑预测性维护、资产效率与管理等创新应用；同时，作为数据第一入口，边缘计算也面临数据实时性、确定性、多样性等挑战。

3）约束性：边缘计算产品须适配工业现场相对恶劣的工作条件与运行环境，如防电磁、防尘、防爆、抗振动、抗电流/电压波动等。在工业互联场景下，对边缘计算设备的功耗、成本、空间有较高的要求。边缘计算产品需要考虑通过软硬件集成与优化，以适配各种条件约束，支撑行业数字化多样性场景。

4）分布性：边缘计算实际部署天然具备分布式特征。这要求边缘计算支持分布式计算与存储、实现分布式资源的动态调度与统一管理、支撑分布式智能、具备分布式安全等能力。

（4）（5）（6）（7）**参考答案 A B C D**

试题解析 边云协同主要包括六种协同：资源协同、数据协同、智能协同、应用管理协同、业务管理协同、服务协同。

1）资源协同：边缘节点提供计算、存储、网络、虚拟化等基础设施资源、具有本地资源调度管理能力，同时可与云端协同，接受并执行云端资源调度管理策略，包括边缘节点的设备管理、资源管理以及网络连接管理。

2）数据协同：边缘节点主要负责现场/终端数据的采集，按照规则或数据模型对数据进行初步处理与分析，并将处理结果以及相关数据上传给云端；云端提供海量数据的存储、分析与价值挖掘。边缘与云的数据协同，支持数据在边缘与云之间可控有序流动，形成完整的数据流转路径，高效、低成本对数据进行生命周期管理与价值挖掘。

3）智能协同：边缘节点按照 AI 模型执行推理，实现分布式智能；云端开展 AI 的集中式模型训练，并将模型下发边缘节点。

4）应用管理协同：边缘节点提供应用部署与运行环境，并对本节点多个应用的生命周期进行管理调度；云端主要提供应用开发、测试环境，以及应用的生命周期管理能力。

5）业务管理协同：边缘节点提供模块化、微服务化的应用/数字孪生/网络等应用实例；云端主要提供按照客户需求实现应用/数字孪生/网络等的业务编排能力。

6）服务协同：边缘节点按照云端策略实现部分 ECSaaS 服务，通过 ECSaaS 与云端 SaaS 的协同实现面向客户的按需 SaaS 服务；云端主要提供 SaaS 服务在云端和边缘节点的服务分布策略，以及云端承担的 SaaS 服务能力。

11.5 数字孪生体技术概述

- 数字孪生体的三项核心技术包括建模、____（1）____ 和基于数据融合的数字线程。数字孪生体的概念模型中数字模型的视角类型的三个维度：需求指标、____（2）____ 和空间尺度构成了数字孪生体建模技术体系的三维空间。

  （1）A．仿真　　　　　B．合成　　　　　C．孪生　　　　　D．知识

  （2）A．生存期阶段　　B．生命周期　　　C．供给指标　　　D．时间尺度

答案及解析

(1)(2) **参考答案** A A

试题解析 数字孪生体中建模、仿真和基于数据融合的数字线程是数字孪生体的三项核心技术。能够做到统领建模、仿真和数字线程的系统工程和 MBSE，则成为数字孪生体的顶层框架技术，物联网是数字孪生体的底层伴生技术，而云计算、机器学习、大数据、区块链则成为数字孪生体的外围使能技术。

数字孪生体的概念模型中数字模型的视角类型的三个维度：需求指标、生存期阶段和空间尺度构成了数字孪生体建模技术体系的三维空间。

11.6 云计算和大数据技术概述

- 云计算主要有三种模式，自上而下分别是软件即服务（Software as a Service，SaaS）、平台即服务（Platform as a Service，PaaS）和___(1)___。服务提供商将分布式开发环境与平台作为一种服务来提供属于___(2)___模式。服务提供商将多台服务器组成的"云端"基础设施作为计量服务提供给客户属于___(3)___模式。

    (1) A．网络即服务　　　　　　　　B．基础设施即服务
    　　C．存储即服务　　　　　　　　D．运营即服务
    (2) A．网络即服务　　　　　　　　B．基础设施即服务
    　　C．平台即服务　　　　　　　　D．软件即服务
    (3) A．网络即服务　　　　　　　　B．基础设施即服务
    　　C．平台即服务　　　　　　　　D．软件即服务

- 关于云计算的三种模式，下列说法错误的是___(4)___。

    (4) A．云计算主要有三种模式，自上而下分别是软件即服务（Software as a Service，SaaS）、平台即服务（Platform as a Service，PaaS）和基础设施即服务（Infrastructure as a Service，IaaS）
    　　B．在灵活性方面，SaaS→PaaS→IaaS 灵活性依次增强
    　　C．在方便性方面，IaaS→PaaS→SaaS 方便性依次增强
    　　D．IaaS 是云计算服务模式中最为关键的一层，在整个云计算体系起着支撑的作用

- 关于云计算的部署模式，下列说法正确的是___(5)___。

    (5) A．云计算从部署模式上看可以分为公有云、社区云、私有云和混合云四种类型
    　　B．在社区云模式下，云基础设施是公开的，可以自由地分配给公众
    　　C．在私有云模式下，云基础设施分配给一些社区组织所专有，这些组织共同关注任务、安全需求、政策等信息。云基础设施被社区内的一个或多个组织所拥有、管理及操作

D．在公有云模式下，云基础服务设施分配给由多种用户组成的单个组织。它可以被这个组织或其他第三方组织所拥有、管理及操作
- 下列关于大数据的描述错误的是___（6）___。
（6）A．大数据是指其大小或复杂性无法通过现有常用的软件工具，以合理的成本并在可接受的时限内对其进行捕获、管理和处理的数据集
B．大数据的特征有大规模（Volume）、高速度（Velocity）、多样化（Variety）和所潜藏的价值（Value）等。因此大数据的特征可以整体概括为："海量+多样化+快速处理+价值"
C．大数据具有周期性，主要反映了数据流可能具有高度的不一致性，并存在周期性的峰值
D．大数据具有复杂性的特点主要体现在数据来源的多样性上

答案及解析

（1）（2）（3）**参考答案** B C B

试题解析 云计算的三种典型服务模式包括"软件即服务（Software as a Service，SaaS）""平台即服务（Platform as a Service，PaaS）"和"基础设施即服务（Infrastructure as a Service，IaaS）"三类典型的服务方式：

1）在 SaaS 模式下，服务提供商将应用软件统一部署在云计算平台上，客户根据需要通过互联网向服务提供商订购应用软件服务，服务提供商根据客户所订购软件的数量、时间的长短等因素收费，并且通过标准浏览器向客户提供应用服务。

2）在 PaaS 模式下，服务提供商将分布式开发环境与平台作为一种服务来提供。这是一种分布式平台服务，厂商提供开发环境、服务器平台、硬件资源等服务给客户，客户在服务提供商平台的基础上定制开发自己的应用程序，并通过其服务器和互联网传递给其他客户。

3）在 IaaS 模式下，服务提供商将多台服务器组成的"云端"基础设施作为计量服务提供给客户。具体来说，服务提供商将内存、I/O 设备、存储和计算能力等整合为一个虚拟的资源池，为客户提供所需要的存储资源、虚拟化服务器等服务。

（4）**参考答案** D

试题解析 云计算的三种典型服务模式包括"软件即服务（Software as a Service，SaaS）""平台即服务（Platform as a Service，PaaS）"和"基础设施即服务（Infrastructure as a Service，IaaS）"。对三种服务方式进行分析后，可以看出这三种服务模式有如下特征：

1）在灵活性方面，SaaS→PaaS→IaaS 灵活性依次增强。这是因为用户可以控制的资源越来越底层，粒度越来越小，控制力增强，灵活性也增强。

2）在方便性方面，IaaS→PaaS→SaaS 方便性依次增强。这是因为 IaaS 只是提供 CPU、存储等底层基本计算能力，用户必须在此基础上针对自身需求构建应用系统，工作量较大，方便性较差。

而 SaaS 模式下，服务提供商直接将具有基本功能的应用软件提供给用户，用户只要根据自身应用的特定需求进行简单配置后就可以使得应用系统上线，工作量较小，方便性较好。

PaaS 是云计算服务模式中最为关键的一层，在整个云计算体系中起着支撑的作用。

（5）**参考答案 A**

试题解析 云计算从部署模式上看可以分为公有云、社区云、私有云和混合云四种类型。

1）公有云。在公有云模式下，云基础设施是公开的，可以自由地分配给公众。企业、学术界与政府机构都可以拥有和管理公有云，并实现对公有云的操作。

公有云能够以低廉的价格为最终用户提供有吸引力的服务，创造新的业务价值。作为支撑平台，公有云还能够整合上游服务（如增值业务、广告）提供商和下游终端用户，打造新的价值链和生态系统。

2）社区云。在社区云模式下，云基础设施分配给一些社区组织所专有，这些组织共同关注任务、安全需求、政策等信息。云基础设施被社区内的一个或多个组织所拥有、管理及操作。

"社区云"是"公有云"范畴内的一个组成部分，指在一定的地域范围内，由云计算服务提供商统一提供计算资源、网络资源、软件和服务能力所形成的云计算形式。即基于社区内的网络互连优势和技术易于整合等特点，通过对区域内各种计算能力进行统一服务形式的整合，结合社区内的用户需求共性，实现面向区域用户需求的云计算服务模式。

3）私有云。在私有云模式下，云基础服务设施分配给由多种用户组成的单个组织。它可以被这个组织或其他第三方组织所拥有、管理及操作。

4）混合云。混合云是公有云、私有云和社区云的组合。

B 选项应该为公有云，C 选项应该为社区云，D 选项应该为私有云。

（6）**参考答案 C**

试题解析 大数据具有可变性，主要反映了数据流可能具有高度的不一致性，并存在周期性的峰值。

第12章 信息系统架构设计理论与实践

12.1 信息系统架构基本概念及发展

- 架构是对系统的抽象,它通过描述___(1)___来反映这种抽象。因此,仅与内部具体实现有关的细节是不属于架构的,即架构定义强调元素的"外部可见"属性。
  - (1) A. 构件、构件的外部可见属性及构件之间的关系
    - B. 服务、服务的外部可见属性及服务之间的关系
    - C. 对象、对象的外部可见属性及对象之间的关系
    - D. 元素、元素的外部可见属性及元素之间的关系
- 架构由多个结构组成,结构是从___(2)___角度来描述___(3)___之间的关系的,具体的结构传达了架构某方面的信息,但是个别结构一般不能代表大型信息系统架构。
  - (2) A. 性能　　　　B. 质量　　　　C. 功能　　　　D. 业务
  - (3) A. 对象　　　　B. 构件　　　　C. 元素　　　　D. 服务
- 元素及其行为的集合构成架构的内容。体现系统由哪些元素组成,这些元素各有哪些功能(外部可见),以及这些元素间如何连接与互动。即在两个方面进行抽象:___(4)___。
  - (4) A. 在静态方面关注总体结构,在动态方面关注系统内关键行为的共同特征
    - B. 在静态方面关注顶层结构、在动态方面关注系统内关键行为的共同特征
    - C. 在静态方面关注总体结构、在动态方面关注系统内质量属性的实现方式
    - D. 在静态方面关注顶层结构、在动态方面关注系统内质量属性的实现方式

答案及解析

（1）**参考答案 D**

试题解析 架构是对系统的抽象，它通过描述元素、元素的外部可见属性及元素之间的关系来反映这种抽象。因此，仅与内部具体实现有关的细节是不属于架构的，即架构定义强调元素的"外部可见"属性。

（2）（3）**参考答案 C C**

试题解析 架构由多个结构组成，结构是从功能角度来描述元素之间的关系的，具体的结构传达了架构某方面的信息，但是个别结构一般不能代表大型信息系统架构。

（4）**参考答案 A**

试题解析 元素及其行为的集合构成架构的内容。体现系统由哪些元素组成，这些元素各有哪些功能（外部可见），以及这些元素间如何连接与互动。即在两个方面进行抽象：在静态方面，关注系统的大粒度（宏观）总体结构（如分层）；在动态方面，关注系统内关键行为的共同特征。

12.2 信息系统架构

- 按照信息系统硬件在空间上的拓扑结构，其物理结构一般分为＿＿（1）＿＿两大类。
  - （1）A．星型、总线型　　　　　　　B．集中式、分布式
  　　　　C．中心化、去中心化　　　　　D．同步化、异步化
- 两层 C/S，其实质就是 IPC 客户端/服务器结构的应用系统体现。两层 C/S 结构就是人们常说的"胖客户端"模式。在实际的系统设计中，该类结构主要是指＿＿（2）＿＿。
  - （2）A．前台客户端+后台数据库管理系统
  　　　B．前台浏览器+后台应用服务器
  　　　C．前台应用服务器+后台数据库管理系统
  　　　D．前台移动设备+后台应用服务器
- ＿＿（3）＿＿是指驻留于因特网上某种类型计算机的程序。
  - （3）A．HTTP 服务器　　　　　　　B．Web 服务器
  　　　　C．应用服务器　　　　　　　　D．网络服务器
- 在软件结构设计上从 Web 服务器就可以直接访问企业数据库是不安全的。因此，＿＿（4）＿＿的存在可以隔离 Web 服务器对企业数据库的访问请求。
  - （4）A．网络协议　　　　　　　　　B．远程调用
  　　　　C．代理层　　　　　　　　　　D．中间件

- 信息系统体系结构总体参考框架由四个部分组成，即___(5)___。这四个部分相互关联，并构成与管理金字塔相一致的层次。

  (5) A．战略系统、决策系统、应用系统和信息基础设施
  　　B．战略系统、业务系统、应用系统和信息基础设施
  　　C．战略系统、业务系统、大数据系统和信息基础设施
  　　D．战略系统、业务系统、应用系统和软硬件基础设施

答案及解析

（1）**参考答案** B

试题解析 按照信息系统硬件在空间上的拓扑结构，其物理结构一般分为集中式与分布式两大类。

（2）**参考答案** A

试题解析 两层C/S，其实质就是IPC客户端/服务器结构的应用系统体现。两层C/S结构就是人们常说的"胖客户端"模式。在实际的系统设计中，该类结构主要是指前台客户端+后台数据库管理系统。

（3）**参考答案** B

试题解析 Web服务器是指驻留于因特网上某种类型计算机的程序。

（4）**参考答案** D

试题解析 在网络结构设计中，Web服务器一般都采用开放式结构，即直接可以被前端用户访问，如果是一些在公网上提供服务的应用，则Web服务器一般都可以被所有能访问与联网的用户直接访问。因此，如果在软件结构设计上从Web服务器就可以直接访问企业数据库是不安全的。因此，中间件的存在可以隔离Web服务器对企业数据库的访问请求；Web服务器将请求先发给中间件，然后由中间件完成数据库访问处理后返回。

（5）**参考答案** B

试题解析 信息系统体系结构总体参考框架由四个部分组成，即战略系统、业务系统、应用系统和信息基础设施。这四个部分相互关联，并构成与管理金字塔相一致的层次。战略系统处在第一层，其功能与战略管理层次的功能相似，一方面向业务系统提出重组的要求，另一方面向应用系统提出集成的要求。业务系统和应用系统同在第二层，属于战术管理层，业务系统在业务处理流程的优化上对企业进行管理控制和业务控制，应用系统则为这种控制提供计算机实现的手段，并提高企业的运行效率。信息基础设施处在第三层，是企业实现信息化的基础部分，相当于运行管理层，它在为应用系统和战略系统提供数据上支持的同时，也为企业的业务系统实现重组提供一个有效的、灵活响应的技术上和管理上的支持平台。

12.3 信息系统架构设计方法

- TOGAF 中最为著名的一个 ADM 架构开发的全生命周期模型将 ADM 全生命周期划分为准备、___(1)___、架构愿望、业务架构、信息系统架构（应用和数据）、___(1)___、机会和解决方案、迁移规划、实施治理、架构变更管理十个阶段。

  (1) A．需求管理、技术架构　　　　　B．进度管理、技术选型
  　　C．内容管理、技术架构　　　　　D．质量管理、技术调研

- 信息系统的生命周期可以分为___(2)___、系统分析、系统设计、___(2)___、系统运行和维护等五个阶段。

  (2) A．系统规划、系统实现　　　　　B．系统规划、系统实施
  　　C．系统准备、系统实现　　　　　D．系统准备、系统实施

- 用于管理信息系统规划的方法很多，主要是___(3)___。其他还有企业信息分析与集成技术、产出/方法分析、投资回收法征费法、零线预算法和阶石法等。用得最多的是前面三种。

  (3) A．信息工程方法、战略目标集转化法、企业系统规划法
  　　B．关键成功因素法、价值链分析法、企业系统规划法
  　　C．关键成功因素法、战略目标集转化法、企业系统规划法
  　　D．关键成功因素法、战略栅格法、企业系统规划法

答案及解析

（1）**参考答案 A**

试题解析　ADM 方法由一组按照架构领域的架构开发顺序而排列成一个环的多个阶段所构成。通过这些开发阶段的工作，设计师可以确认是否已经对复杂的业务需求进行了足够全面的讨论。TOGAF 中最为著名的一个 ADM 架构开发的全生命周期模型将 ADM 全生命周期划分为准备、需求管理、架构愿望、业务架构、信息系统架构（应用和数据）、技术架构、机会和解决方案、迁移规划、实施治理、架构变更管理十个阶段，这十个阶段是反复迭代的过程。

（2）**参考答案 B**

试题解析　信息系统的生命周期可以分为系统规划、系统分析、系统设计、系统实施、系统运行和维护等五个阶段。

（3）**参考答案 C**

试题解析　用于管理信息系统规划的方法很多，主要是关键成功因素法（Critical Success Factors，CSF）、战略目标集转化法（Strategy Set Transformation，SST）和企业系统规划法（Business System Planning，BSP）。其他还有企业信息分析与集成技术、产出/方法分析、投资回收法征费法、零线预算法和阶石法等。用得最多的是前面三种。

第13章 层次式架构设计理论与实践

13.1 层次式体系结构概述

- 在分层次体系结构中的组件被划分成几个层，每个层代表应用的一个功能，都有自己特定的角色和职能。分层架构本身没有规定要分成多少层，大部分的应用会分成___(1)___。

  (1) A. 表现层、接入层、数据访问层、数据层

  B. 表现层、业务层、数据代理层、数据层

  C. 表现层、中间层、数据访问层、数据库层

  D. 表现层、中间层、数据访问层、数据层

- 分层架构的一个特性就是关注___(2)___。该层中的组件只负责本层的逻辑，组件的划分很容易明确组件的角色和职责，也比较容易开发、测试、管理和维护。

  (2) A. 分层　　　　B. 分离　　　　C. 模块化　　　　D. 构件化

- 下列不属于多层架构的优点的是___(3)___。

  (3) A. 可以降低层与层之间的依赖

  B. 利于各层逻辑的复用

  C. 很容易建立清晰的分层架构

  D. 开发人员可以只关注整个结构中的其中某一层

- ___(4)___，就是请求流简单地穿过几个层，每层里面基本没有做任何业务逻辑，或者做了很少的业务逻辑。比如一些JavaEE例子，业务逻辑层只是简单地调用了持久层的接口，本身没有什么业务逻辑。

  (4) A. 污水池反模式　　　　　　B. 链式微服务模式

  C. 代理转发模式　　　　　　D. 装饰器模式

答案及解析

（1）**参考答案** D

试题解析 在分层次体系结构中的组件被划分成几个层，每个层代表应用的一个功能，都有自己特定的角色和职能。分层架构本身没有规定要分成多少层，大部分的应用会分成表现层（或称为展示层）、中间层（或称为业务层）、数据访问层（或称为持久层）和数据层。

（2）**参考答案** B

试题解析 分层架构的一个特性就是关注分离。该层中的组件只负责本层的逻辑，组件的划分很容易明确组件的角色和职责，也比较容易开发、测试、管理和维护。

（3）**参考答案** C

试题解析 多层架构的优点：
1）开发人员可以只关注整个结构中的其中某一层。
2）可以很容易地用新的实现来替换原有层次的实现。
3）可以降低层与层之间的依赖。
4）有利于标准化。
5）利于各层逻辑的复用。
6）扩展性强，不同层负责不同的层面。
7）安全性高，用户端只能通过逻辑层来访问数据层，减少了入口点，把很多危险的系统功能都屏蔽了。
8）项目结构更清楚，分工更明确，有利于后期的维护和升级。

多层架构的缺点：
1）严格的分层可能导致性能问题，具体取决于层数。
2）建立清晰的分层架构并不总是很容易。

（4）**参考答案** A

试题解析 污水池反模式（architecture sinkhole anti-pattern），就是请求流简单地穿过几个层，每层里面基本没有做任何业务逻辑，或者做了很少的业务逻辑。比如一些JavaEE例子，业务逻辑层只是简单地调用了持久层的接口，本身没有什么业务逻辑。

每一层或多或少都有可能遇到这样的场景，关键是分析这样的请求的百分比是多少。二八原则可以帮助你确定是否正在遇到污水池反模式。如果请求超过20%，则应该考虑让一些层变成开放的。

13.2 表现层框架设计

- ___（1）___ 指接受用户的输入并调用模型和视图去完成用户的需求。该部分是用户界面与Model的接口。一方面它解释来自于视图的输入，将其解释为系统能够理解的对象，同时它也识别用户动作，并将其解释为对模型特定方法的调用；另一方面，它处理来自于模型的事件和模型逻辑执行的结果，调用适当的视图为用户提供反馈。

（1）A．转发器　　　　　B．代理组件　　　　C．调控器　　　　D．控制器

- MVC 模式的优点不包括___（2）___。

（2）A．易于数据转化　　　　　　　　B．允许多种用户界面的扩展
　　　C．易于维护　　　　　　　　　　D．功能强大的用户界面

- 下列关于 MVP 模式的说法错误的是___（3）___。

（3）A．模型与视图完全分离，可以修改视图而不影响模型

　　　B．可以更高效地使用模型，因为所有的交互都发生在 Presenter 内部

　　　C．可以将一个 Presenter 用于多个视图，而不需要改变 Presenter 的逻辑

　　　D．如果把逻辑放在 Presenter 中，需要以用户接口的维度来测试这些逻辑

- 模型-视图-视图模型（Model-View-ViewModel，MVVM）模式和 MVC、MVP 类似，主要目的都是为了实现___（4）___的分离。

（4）A．表现层和业务层　　　　　　　B．视图和模型
　　　C．前端和后端　　　　　　　　　D．模型和实现

- 基于 XML 的界面管理技术实现的管理信息系统实现了___（5）___的分离，可针对不同用户需求进行界面配置和定制，能适应一定程度内的数据库结构改动。只需对 XML 文件稍加修改，即可实现系统的移植。

（5）A．用户界面描述信息和后端实现代码

　　　B．用户界面描述信息和功能实现代码

　　　C．前端页面和信息数据

　　　D．html 页面和 js 代码

答案及解析

（1）**参考答案** D

试题解析　控制器指接受用户的输入并调用模型和视图去完成用户的需求。该部分是用户界面与 Model 的接口。一方面它解释来自于视图的输入，将其解释为系统能够理解的对象，同时它也识别用户动作，并将其解释为对模型特定方法的调用；另一方面，它处理来自于模型的事件和模型逻辑执行的结果，调用适当的视图为用户提供反馈。

（2）**参考答案** A

试题解析　使用 MVC 模式来设计表现层的优点如下。

1）允许多种用户界面的扩展。在 MVC 模式中，视图与模型没有必然的联系，都是通过控制器发生关系，这样如果要增加新类型的用户界面，只需要改动相应的视图和控制器即可，而模型则无须发生改动。

2）易于维护。控制器和视图可以随着模型的扩展而进行相应的扩展，只要保持一种公共的接口，控制器和视图的旧版本也可以继续使用。

3）功能强大的用户界面。用户界面与模型方法调用组合起来，使程序的使用更清晰，可将友好的界面发布给用户。MVC 是构建应用框架的一个较好的设计模式，可以将业务处理与显示分离，将应用分为控制器、模型和视图，增加了应用的可拓展性、强壮性及灵活性。基于 MVC 的优点，目前比较先进的 Web 应用框架都是基于 MVC 设计模式的。

（3）**参考答案 D**

试题解析 使用 MVP 模式来设计表现层的优点如下。

1）模型与视图完全分离，可以修改视图而不影响模型。

2）可以更高效地使用模型，因为所有的交互都发生在 Presenter 内部。

3）可以将一个 Presenter 用于多个视图，而不需要改变 Presenter 的逻辑。这个特性非常有用，因为视图的变化总是比模型的变化频繁。

4）如果把逻辑放在 Presenter 中，就可以脱离用户接口来测试这些逻辑（单元测试）。

（4）**参考答案 B**

试题解析 模型-视图-视图模型（Model-View-ViewModel，MVVM）模式和 MVC、MVP 类似，主要目的都是为了实现视图和模型的分离，不同的是 MVVM 中，View 与 Model 的交互通过 ViewModel 来实现。ViewModel 是 MVVM 的核心，它通过 DataBinding 实现 View 与 Model 之间的双向绑定，其内容包括数据状态处理、数据绑定及数据转换。例如，View 中某处的状态和 Model 中某部分数据绑定在一起，这部分数据一旦变更将会反映到 View 层，而这个机制通过 ViewModel 来实现。

（5）**参考答案 B**

试题解析 基于 XML 的界面管理技术实现的管理信息系统实现了用户界面描述信息与功能实现代码的分离，可针对不同用户需求进行界面配置和定制，能适应一定程度内的数据库结构改动。只需对 XML 文件稍加修改，即可实现系统的移植。

13.3 中间层架构设计

- 中间层架构设计时，业务逻辑组件分为＿＿（1）＿＿两个部分。

  （1）A．业务类和支撑类　　　　　　　　B．代理和业务类
  　　　C．接口和实现类　　　　　　　　　D．概念类和业务类

- 工作流管理联盟（Workflow Management Coalition，WfMC）将工作流定义为＿＿（2）＿＿，在此过程中，文档、信息或任务按照一定的过程规则流转，实现组织成员间的协调工作以达到业务的整体目标。

  （2）A．业务流程的全部或部分自动化　　B．系统运行的全部或部分自动化
  　　　C．业务需求变更的全部或部分自动化　D．运维工作的全部或部分自动化

- 业务逻辑层实体提供对业务数据及相关功能（在某些设计中）的___（3）___。业务逻辑层实体可以使用具有复杂架构的数据来构建，这种数据通常来自数据库中的多个相关表。业务逻辑层实体数据可以作为业务过程的部分 I/O 参数传递。

  （3）A．SQL 语句访问　　　　　　　B．数据状态访问
  　　　C．业务逻辑访问　　　　　　　D．状态编程访问

- 业务层采用业务容器的方式存在于整个系统当中，采用此方式可以大大降低业务层和相邻各层的耦合，在业务容器中，业务逻辑是按照___（4）___思想来实现的。

  （4）A．Domain Model-Service-Control　　B．MVC
  　　　C．MVP　　　　　　　　　　　　　D．MVVM

- 关于 Domain Model-Service-Control 三者的互动关系，以下说法不正确的是___（5）___。

  （5）A．Service 的运行会依赖于 Domain Model 的状态，反之，Service 也会根据业务规则改变 Domain Model 的状态

  B．Control 作为服务控制器，根据 Domain Model 的状态和相关参数决定 Service 之间的执行顺序及相互关系

  C．Domain Model-Service-Control 的互动关系，是吸取了 Model-View-Control 的优点，在"控制和显示的分离"的基础之上演变而来的，通过将服务和服务控制隔离，使程序具备高度的可重用性和灵活性

  D．Domain Model 是领域层业务对象，它不仅包含业务相关的属性，还包含了为了实现该领域层业务对象而设计的标识和运行状态

答案及解析

（1）**参考答案** C

试题解析　业务逻辑组件分为接口和实现类两个部分。

接口用于定义业务逻辑组件，定义业务逻辑组件必须实现的方法是整个系统运行的核心。通常按模块来设计业务逻辑组件，每个模块设计一个业务逻辑组件，并且每个业务逻辑组件以多个数据访问对象（Data Access Objects，DAO）组件作为基础，从而实现对外提供系统的业务逻辑服务。增加业务逻辑组件的接口，是为了提供更好的解耦，控制器无须与具体的业务逻辑组件耦合，而是面向接口编程。

（2）**参考答案** A

试题解析　工作流管理联盟（Workflow Management Coalition，WfMC）将工作流定义为业务流程的全部或部分自动化，在此过程中，文档、信息或任务按照一定的过程规则流转，实现组织成员间的协调工作以达到业务的整体目标。

（3）**参考答案** D

试题解析　业务逻辑层实体具有以下特点：业务逻辑层实体提供对业务数据及相关功能（在某

些设计中）的状态编程访问。业务逻辑层实体可以使用具有复杂架构的数据来构建，这种数据通常来自数据库中的多个相关表。业务逻辑层实体数据可以作为业务过程的部分 I/O 参数传递。

（4）**参考答案 A**

试题解析 业务层采用业务容器的方式存在于整个系统当中，采用此方式可以大大降低业务层和相邻各层的耦合，表示层代码只需要将业务参数传递给业务容器，而不需要业务层多余的干预。如此一来，可以有效地防止业务层代码渗透到表示层。

在业务容器中，业务逻辑是按照 Domain Model-Service-Control 思想来实现的。

（5）**参考答案 D**

试题解析 Domain Model-Service-Control 三者的互动关系。

1）Service 的运行会依赖于 Domain Model 的状态，反之，Service 也会根据业务规则改变 Domain Model 的状态。

2）Control 作为服务控制器，根据 Domain Model 的状态和相关参数决定 Service 之间的执行顺序及相互关系。

Domain Model-Service-Control 的互动关系，是吸取了 Model-View-Control 的优点，在"控制和显示的分离"的基础之上演变而来的，通过将服务和服务控制隔离，使程序具备高度的可重用性和灵活性。D 选项错误，Domain Model 是领域层业务对象，它只包含业务相关的属性，并不包含为了实现该领域层业务对象而设计的标识和运行状态。

13.4 数据访问层设计

- 一个典型的 DAO 实现通常有以下组件：___（1）___。
  （1）A．DAO 工厂方法、DAO 实现类、实现了 DAO 接口的具体类、数据传输对象
  　　B．DAO 工厂类、DAO 接口、实现了 DAO 接口的具体类、数据传输对象
  　　C．DAO 工厂类、DAO 接口、实现了 DAO 接口的业务类、数据传输对象
  　　D．DAO 工厂方法、DAO 接口、实现了 DAO 接口的具体类、数据传输协议
- 下列数据访问模式中，不属于数据访问层的数据访问模式的是___（2）___。
  （2）A．SQL 语句访问　　　　　　　　B．在线访问
  　　C．离线数据模式　　　　　　　　D．O/RM
- 事务必须服从 ISO/IEC 所制定的 ACID 原则。ACID 是原子性（Atomicity）、一致性（Consistency）、隔离性（Isolation）和持久性（Durability）的缩写。以下说法有错误的是___（3）___。
  （3）A．事务的原子性表示事务执行过程中的任何失败都将导致事务所做的任何修改失效
  　　B．一致性表示当事务执行失败时，所有被该事务影响的数据都应该恢复到事务执行前的状态
  　　C．隔离性表示在事务执行过程中对数据的修改，在事务提交之前对其他事务保持透明
  　　D．持久性表示已提交的数据在事务执行失败时，数据的状态都应该正确

- 对于共享资源，有一个很著名的设计模式——资源池。该模式正是为了解决___（4）___所造成的问题。把该模式应用到数据库连接管理领域，就是建立一个数据库连接池，提供一套高效的连接分配、使用策略。

  （4）A. 资源频繁分配、释放　　　　　　B. 资源频繁获取、引用
  　　　C. 资源对内存的频繁占用、释放　　D. 系统资源的频繁申请、回收

- 以下选项中不能成为数据访问层的持久化框架的是___（5）___。

  （5）A. Hibernate　　　B. MyBatis　　　C. Nginx　　　D. JDO

答案及解析

（1）**参考答案 B**

试题解析　一个典型的DAO实现通常有以下组件：一个DAO工厂类、一个DAO接口、一个实现了DAO接口的具体类、数据传输对象。

其中DAO接口的具体类包含访问特定数据源的数据的逻辑。

（2）**参考答案 A**

试题解析　数据访问层的数据访问模式如下。

1）在线访问。在线访问是最基本的数据访问模式，也是在实际开发过程中最常采用的。这种数据访问模式会占用一个数据库连接，读取数据，每个数据库操作都会通过这个连接不断地与后台的数据源进行交互。

2）数据访问对象（Data Access Object，DAO）。DAO模式是标准J2EE设计模式之一，开发人员常常用这种模式将底层数据访问操作与高层业务逻辑分离开。

3）数据传输对象（Data Transfer Object，DTO）。DTO是经典EJB设计模式之一。DTO本身是一组对象或是数据的容器，它需要跨不同的进程或是网络的边界来传输数据。这类对象本身应该不包含具体的业务逻辑，并且通常这些对象内部只能进行一些诸如内部一致性检查和基本验证之类的方法，而且这些方法最好不要再调用其他的对象行为。

4）离线数据模式。离线数据模式是以数据为中心，数据从数据源获取之后，将按照某种预定义的结构（这种结构可以是SDO中的Data图表结构，也可以是ADO.NET中的关系结构）存放在系统中，成为应用的中心。离线，对数据的各种操作独立于各种与后台数据源之间的连接或是事务；与XML集成，数据可以方便地与XML格式的文档之间互相转换；独立于数据源，离线数据模式的不同实现定义了数据的各异的存放结构和规则，这些都是独立于具体的某种数据源的。

5）对象/关系映射（Object/Relation Mapping，O/RM）。在最近几年，采用对象/关系映射的指导思想来进行数据持久层的设计似乎已经成了一种潮流。对象/关系映射的基本思想来源于这样一种现实：大多数应用中的数据都是依据关系模型存储在关系型数据库中的，而很多应用程序中的数据在开发或是运行时则是以对象的形式组织起来的。那么，对象/关系映射就提供了这样一种工具

或是平台，有助于将应用程序中的数据转换成关系型数据库中的记录或是将关系数据库中的记录转换成应用程序中代码便于操作的对象。

（3）**参考答案** C

试题解析 事务必须服从 ISO/IEC 所制定的 ACID 原则。ACID 是原子性（Atomicity）、一致性（Consistency）、隔离性（Isolation）和持久性（Durability）的缩写。事务的原子性表示事务执行过程中的任何失败都将导致事务所做的任何修改失效。一致性表示当事务执行失败时，所有被该事务影响的数据都应该恢复到事务执行前的状态。隔离性表示在事务执行过程中对数据的修改，在事务提交之前对其他事务不可见。持久性表示已提交的数据在事务执行失败时，数据的状态都应该正确。

（4）**参考答案** A

试题解析 对于共享资源，有一个很著名的设计模式——资源池。该模式正是为了解决资源频繁分配、释放所造成的问题。把该模式应用到数据库连接管理领域，就是建立一个数据库连接池，提供一套高效的连接分配、使用策略。

（5）**参考答案** C

试题解析 随着对象持久化技术的发展，诞生了越来越多的持久化框架，目前，主流的持久化技术框架包括 Hibernate、MyBatis 和 JDO 等。

Hibernate 是一个开放源代码的对象关系映射框架，它对 JDBC 进行了非常轻量级的对象封装，它将 POJO 与数据库表建立映射关系，是一个全自动的 ORM 框架，Hibernate 可以自动生成 SQL 语句，自动执行，使得 Java 程序员可以随心所欲地使用对象编程思维来操纵数据库。

MyBatis 提供 Java 对象到 SQL（面向参数和结果集）的映射实现，实际的数据库操作需要通过手动编写 SQL 实现，与 Hibernate 相比，MyBatis 最大的特点就是小巧，上手较快。如果不需要太多复杂的功能，MyBatis 是既可满足要求又足够灵活的最简单的解决方案。

Java 数据对象（Java Data Object，JDO）是 SUN 公司制定的描述对象持久化语义的标准 API，它是 Java 对象持久化的新规范。JDO 提供了透明的对象存储，对开发人员来说，存储数据对象完全不需要额外的代码（例如，JDBCAPI 的使用）。这些烦琐的例行工作已经转移到 JDO 产品提供商身上，使开发人员解脱出来，从而集中时间和精力在业务逻辑上。

Nginx 是一个异步框架的 Web 服务器，也可以用作反向代理、负载平衡器和 HTTP 缓存，但不能作为数据访问的持久化框架。

13.5 数据架构规划与设计

- 基于 ___(1)___ 的存储方式是指将 XML 文档按其原始文本形式存储，主要存储技术包括操作系统文件库、通用文档管理系统和传统数据库的列（作为二进制大对象 BLOB 或字符大对象 CLOB）。

  (1) A．XML 文档　　　B．文件　　　C．txt 文档　　　D．数据对象

- 下列不属于数据库存储方式的特点的是___(2)___。
  - （2）A．具有数据库技术的特性，如多用户、并发控制和一致性约束等
    - B．能够管理非结构化数据
    - C．具有管理和控制整个文档集合本身的能力
    - D．可以对文档内部的数据进行操作

答案及解析

（1）**参考答案** B

试题解析 基于文件的存储方式是指将 XML 文档按其原始文本形式存储，主要存储技术包括操作系统文件库、通用文档管理系统和传统数据库的列（作为二进制大对象 BLOB 或字符大对象 CLOB）。这种存储方式需维护某种类型的附加索引，以建立文件之间的层次结构。基于文件的存储方式的特点是：无法获取 XML 文档中的结构化数据；通过附加索引可以定位具有某些关键字的 XML 文档，一旦关键字不确定，将很难定位；查询时，只能以原始文档的形式返回，即不能获取文档内部信息；文件管理存在容量大、管理难的缺点。

（2）**参考答案** B

试题解析 数据库在数据管理方面具有管理方便、存储占用空间小、检索速度快、修改效率高和安全性好等优点。一种比较自然的想法是采用数据库对 XML 文档进行存取和操作，这样可以利用相对成熟的数据库技术处理 XML 文档内部的数据。数据库存储方式的特点是：能够管理结构化和半结构化数据；具有管理和控制整个文档集合本身的能力；可以对文档内部的数据进行操作；具有数据库技术的特性，如多用户、并发控制和一致性约束等；管理方便，易于操作。

13.6 物联网层次架构设计

- 下列不属于物联网感知层的应用的是___(1)___。
  - （1）A．核验人脸　　　　　　　　B．二维码标签和识读器
    - C．RFID 标签和读写器摄像头　　D．GPS
- 下列不属于物联网网络层的范畴的是___(2)___。
  - （2）A．5G 网络　　　　　　　　　B．微信服务端
    - C．银行业务系统　　　　　　　D．移动设备
- 下列关于物联网的应用的说法不正确的是___(3)___。
  - （3）A．监控型物联网应用有：物流监控、污染监控、金融监管
    - B．查询型物联网应用有：智能检索、远程抄表
    - C．控制型物联网应用有：智能交通、智能家居、路灯控制
    - D．扫描型物联网应用有：手机钱包、高速公路不停车收费

答案及解析

（1）参考答案 A

试题解析 感知层用于识别物体、采集信息。感知层包括二维码标签和识读器、RFID 标签和读写器摄像头、GPS、传感器、M2M 终端、传感器网关等，主要功能是识别对象、采集信息，与人体结构中皮肤和五官的作用类似。

感知层解决的是人类世界和物理世界的数据获取问题。它首先通过传感器、数码相机等设备，采集外部物理世界的数据，然后通过 RFID、条码、工业现场总线、蓝牙、红外等短距离传输技术传递数据。感知层所需要的关键技术包括检测技术、短距离无线通信技术等。对于目前关注和应用较多的 RFID 网络来说，附着在设备上的 RFID 标签和用来识别 RFID 信息的扫描仪、感应器都属于物联网的感知层。在这一类物联网中被检测的信息就是 RFID 标签的内容，现在的电子不停车收费系统（Electronic Toll Collection，ETC）、超市仓储管理系统、飞机场的行李自动分类系统等都用到了这个层次的设备。

（2）参考答案 D

试题解析 网络层用于传递信息和处理信息。网络层包括通信网与互联网的融合网络、网络管理中心、信息中心和智能处理中心等。网络层将感知层获取的信息进行传递和处理，类似于人体结构中的神经中枢和大脑。

网络层解决的是传输和预处理感知层所获得的数据的问题。这些数据可以通过移动通信网、互联网、企业内部网、各类专网、小型局域网等进行传输。特别是在三网融合后，有线电视网也能承担物联网网络层的功能，有利于物联网的加快推进。网络层所需要的关键技术包括长距离有线和无线通信技术、网络技术等。

物联网的网络层将建立在现有的移动通信网和互联网基础上。物联网通过各种接入设备与移动通信网和互联网相连。例如，手机付费系统中由刷卡设备将内置手机的 RFID 信息采集上传到互联网，网络层完成后台鉴权认证，并从银行网络划账。

网络层中的感知数据管理与处理技术是实现以数据为中心的物联网的核心技术，包括传感网数据的存储、查询、分析、挖掘和理解，以及基于感知数据决策的理论与技术。云计算平台作为海量感知数据的存储、分析平台，将是物联网网络层的重要组成部分，也是应用层众多应用的基础。在产业链中，通信网络运营商和云计算平台提供商将在物联网网络层占据重要的地位。

（3）参考答案 A

试题解析 应用层实现广泛智能化。应用层是物联网与行业专业技术的深度融合，结合行业需求实现行业智能化，类似于人们的社会分工。

物联网应用层利用经过分析处理的感知数据，为用户提供丰富的特定服务。物联网的应用可分为监控型（物流监控、污染监控）、查询型（智能检索、远程抄表）、控制型（智能交通、智能家居、路灯控制）和扫描型（手机钱包、高速公路不停车收费）等。

应用层解决的是信息处理和人机交互的问题。网络层传输而来的数据在这一层进入各类信息系统进行处理，并通过各种设备与人进行交互。这一层可按形态直观地划分为两个子层，一个是应用程序层，进行数据处理，它涵盖了国民经济和社会的每一领域，包括电力、医疗、银行、交通、环保、物流、工业、农业、城市管理、家居生活等，其功能包括支付、监控安保、定位、盘点、预测等，可用于政府、企业、社会组织、家庭、个人等，这正是物联网作为深度信息化的重要体现；另一个是终端设备层，提供人机接口。物联网虽然是"物物相连的网"，但最终要以人为本，还是需要人的操作与控制，不过这里的人机界面已远远超出现实中人与计算机交互的概念，而是泛指与应用程序相连的各种设备与人的交互。

应用层是物联网发展的体现，软件开发、智能控制技术将会为用户提供丰富多彩的物联网应用。各种行业和家庭应用的开发将会推动物联网的普及，也给整个物联网产业链带来丰厚的利润。

第14章 云原生架构设计理论与实践

14.1 云原生架构的产生背景

- ___(1)___ 不属于云计算的特点。

  (1) A. 高可扩展性　　B. 高成本性　　C. 通用性　　D. 高可靠性

- DevOps 可以看作 ___(2)___ 三者的交集,促进之间的沟通、协作与整合,从而提高开发周期和效率。

  (2) A. 开发、技术运营和质量保障　　　　B. 开发、质量保证、部署

  　　C. 部署、运维、运营　　　　　　　　D. 开发、部署、运维

- 下列不属于各云厂商推出的容器化服务的是 ___(3)___ 。

  (3) A. 华为云的 AI 容器　　　　　　　　B. AWS 的深度学习容器

  　　C. spring 容器　　　　　　　　　　　D. 华为云大数据容器

- 下列不属于云原生优势的是 ___(4)___ 。

  (4) A. 通过对多元算力的支持,满足不同应用场景的个性化算力需求,并基于软硬协同架构,为应用提供极致性能的云原生算力

  　　B. 基于多云治理和边云协同,打造高效、高可靠的分布式泛在计算平台,并构建包括容器、裸机、虚机、函数等多种形态的统一计算资源

  　　C. 以"应用"为中心打造高效的资源调度和管理平台,为企业提供一键式部署、可感知应用的智能化调度,以及全方位监控与运维能力

  　　D. 利用微服务的逻辑模块划分,管理兼容性和不同版本与工作负载的其他影响是很容易的

- 云计算有多种部署模型,当云按照服务方式提供给大众时,称为 ___(5)___ 。

  (5) A. 公有云　　　B. 私有云　　　C. 专属云　　　D. 混合云

答案及解析

（1）**参考答案 B**

试题解析 云计算通常具有下列特点：①超大规模；②虚拟化；③高可靠性；④通用性；⑤高可扩展性；⑥按需服务；⑦极其廉价；⑧潜在的危险性。

（2）**参考答案 A**

试题解析 DevOps 可以看作开发、技术运营和质量保障三者的交集，促进三者之间的沟通、协作与整合，从而提高开发周期和效率。云原生的容器、微服务等技术为 DevOps 提供了很好的前提条件，是保证 IT 软件开发实现 DevOps 开发和持续交付的关键应用。换句话说，能够实现 DevOps 和持续交付，已经成为云原生技术价值不可分割的内涵部分，这也是无论互联网巨头企业，还是众多中小应用开发公司和个人，越来越多选择云原生技术和工具的原因。

（3）**参考答案 C**

试题解析 大量企业尝试使用容器替换现有人工智能、大数据的基础平台，通过容器更小粒度的资源划分、更快的扩容速度、更灵活的任务调度，以及天然的计算与存储分离架构等特点，助力人工智能、大数据在业务性能大幅提升的同时，更好地控制成本。各云厂商也相继推出了对应的容器化服务，比如华为云的 AI 容器、华为云大数据容器，AWS 的深度学习容器等。

（4）**参考答案 D**

试题解析 从为企业带来的价值来看，云原生架构有着以下优势：通过对多元算力的支持，满足不同应用场景的个性化算力需求，并基于软硬协同架构，为应用提供极致性能的云原生算力；基于多云治理和边云协同，打造高效、高可靠的分布式泛在计算平台，并构建包括容器、裸机、虚机、函数等多种形态的统一计算资源；以"应用"为中心打造高效的资源调度和管理平台，为企业提供一键式部署、可感知应用的智能化调度，以及全方位监控与运维能力。

（5）**参考答案 A**

试题解析 本题考查云计算的基本概念。云计算常见的部署模式有公有云、私有云、社区云和混合云。

对于公有云，云的基础设施一般是被云计算服务提供商所拥有的，该组织将云计算服务销售给公众，公有云通常在远离客户建筑物的地方托管（一般为云计算服务提供商建立的数据中心），可实现灵活的扩展，提供一种降低客户风险和成本的方法。

对于私有云来说，云的基础设施是为某个客户单独使用而构建的，因而提供对数据、安全性和服务质量的最有效控制。私有云可部署在企业数据中心，也可部署在一个主机托管场所，被一个单一的组织拥有或租用。

14.2 云原生架构的内涵

- 由于云原生是面向"云"而设计的应用,因此,技术部分依赖于传统云计算的三层概念,下列不属于传统云计算的三层概念的是___(1)___。

  (1)A. 基础设施即服务(IaaS)　　　　B. 平台即服务(PaaS)

  　　C. 软件即服务(SaaS)　　　　　　D. 数据库即服务(DBaaS)

- ___(2)___负责向用户提供计算机能力、存储空间等基础设施方面的服务。

  (2)A. IaaS　　　B. SaaS　　　C. PaaS　　　D. DaaS

- 下列不属于云原生架构带来的影响的是___(3)___。

  (3)A. 开发团队结构发生变化　　　　B. 代码结构发生巨大变化

  　　C. 非功能性特性大量委托　　　　D. 高度自动化的软件交付

- 韧性从多个维度诠释了软件持续提供业务服务的能力,核心目标是提升软件的平均无故障时间(Mean Time Between Failure,MTBF)。从架构设计上,韧性不包括___(4)___。

  (4)A. 服务异步化能力　　　　　　　B. 重试限流/降级/熔断/反压

  　　C. 网络请求的重连重试　　　　　D. 跨region容灾

- Mesh化架构是把___(5)___从业务进程中分离,分离后在业务进程中只保留很"薄"的Client部分,Client通常很少变化,只负责与Mesh进程通信,原来需要在SDK中处理的流量控制、安全等逻辑由Mesh进程完成。

  (5)A. 业务逻辑　　　B. 网络连接池　　　C. 通信组件　　　D. 中间件

- 分布式环境中的CAP困难主要是针对有状态应用,因为无状态应用不存在一致性(C)这个维度,因此可以获得很好的可用性(A)和分区容错性(P),因而获得更好的弹性。在云环境中,___(6)___不推荐采用云服务来保存来实现存储计算分离。

  (6)A. 暂态数据(如session)　　　　B. 结构化和非结构化持久数据

  　　C. 交易订单的状态　　　　　　　D. 热点数据缓存

- 下列关于分布式事务模式叙述有误的是___(7)___。

  (7)A. 传统采用XA模式,虽然具备很强的一致性,但是性能差

  　　B. 基于消息的最终一致性(BASE)通常有很高的性能,也具有很高的通用性

  　　C. TCC模式完全由应用层来控制事务,事务隔离性可控,也可以做到比较高效;但是对业务的侵入性非常强,设计开发维护等成本很高

  　　D. SAGA模式与TCC模式的优缺点类似但没有try这个阶段,而是每个正向事务都对应一个补偿事务,开发维护成本高

- 下列不适合用于事件驱动架构的是___(8)___。

  (8)A. 事件流处理　　　　　　　　　B. 数据变化通知

  　　C. CQRS　　　　　　　　　　　 D. 增强服务可靠性

答案及解析

（1）**参考答案** D

试题解析 由于云原生是面向"云"而设计的应用，因此，技术部分依赖于传统云计算的三层概念，即基础设施即服务（IaaS）、平台即服务（PaaS）和软件即服务（SaaS）。

（2）**参考答案** A

试题解析 按照云计算服务提供的资源层次，可以分为 IaaS、PaaS、SaaS 三种服务类型。基础设施即服务（IaaS）向用户提供计算机能力、存储空间等基础设施方面的服务。

（3）**参考答案** A

试题解析 云原生架构带来的影响如下。

1）代码结构发生巨大变化。云原生架构产生的最大影响就是让开发人员的编程模型发生了巨大变化。今天大部分的编程语言中，都有文件、网络、线程等元素，这些元素为充分利用单机资源带来好处的同时，也提升了分布式编程的复杂性；因此大量框架、产品涌现，来解决分布式环境中的网络调用问题、高可用问题、CPU 争用问题、分布式存储问题等。

2）非功能性特性大量委托。任何应用都提供两类特性，功能性特性和非功能性特性。功能性特性是真正为业务带来价值的代码，如建立客户资料、处理订单、支付等；即使是一些通用的业务功能特性，如组织管理、业务字典管理、搜索等也是紧贴业务需求的。非功能性特性是没有给业务带来直接业务价值，但通常又是必不可少的特性，如高可用能力、容灾能力、安全特性、可运维性、易用性、可测试性、灰度发布能力等。

3）高度自动化的软件交付。软件一旦开发完成，需要在公司内外部各类环境中部署和交付，以将软件价值交给最终客户。软件交付的困难在于开发环境到生产环境的差异（公司环境到客户环境之间的差异）以及软件交付和运维人员的技能差异，填补这些差异的是一大堆安装手册、运维手册和培训文档。容器以一种标准的方式将软件打包，容器及相关技术则帮助屏蔽不同环境之间的差异，进而基于容器做标准化的软件交付。

（4）**参考答案** C

试题解析 韧性从多个维度诠释了软件持续提供业务服务的能力，核心目标是提升软件的平均无故障时间（Mean Time Between Failure，MTBF）。从架构设计上，韧性包括服务异步化能力、重试限流/降级/熔断/反压、主从模式、集群模式、AZ 内的高可用、单元化、跨 region 容灾、异地多活容灾等。

（5）**参考答案** D

试题解析 Mesh 化架构是把中间件（如 RPC、缓存、异步消息等）从业务进程中分离，让中间件 SDK 与业务代码进一步解耦，从而使得中间件升级对业务进程没有影响，甚至迁移到另外一个平台的中间件也对业务透明。分离后在业务进程中只保留很"薄"的 Client 部分，Client 通常很少变化，只负责与 Mesh 进程通信，原来需要在 SDK 中处理的流量控制、安全等逻辑由 Mesh 进程完成。

（6）**参考答案** C

试题解析 分布式环境中的 CAP 困难主要是针对有状态应用，因为无状态应用不存在一致性（C）这个维度，因此可以获得很好的可用性（A）和分区容错性（P），因而获得更好的弹性。在云环境中，推荐把各类暂态数据（如 session）、结构化和非结构化持久数据都采用云服务来保存，从而实现存储计算分离。但仍然有一些状态如果保存到远端缓存，会造成交易性能的明显下降，如交易会话数据太大、需要不断根据上下文重新获取等，这时可以考虑通过采用时间日志+快照（或检查点）的方式，实现重启后快速增量恢复服务，减少不可用对业务的影响时长。交易订单的状态数据虽然是结构化数据，但是对于数据的一致性与正确性有很高的要求，一般不采用云服务来保存，可以采用数据库保存。热点数据缓存属于暂态数据的一种可以采用云服务保存。

（7）**参考答案** B

试题解析 微服务模式提倡每个服务使用私有的数据源，而不是像单体这样共享数据源，但往往大颗粒度的业务需要访问多个微服务，必然带来分布式事务问题，否则数据就会出现不一致。架构师需要根据不同的场景选择合适的分布式事务模式。

1）传统采用 XA 模式，虽然具备很强的一致性，但是性能差。

2）基于消息的最终一致性（BASE）通常有很高的性能，但是通用性有限。

3）TCC 模式完全由应用层来控制事务，事务隔离性可控，也可以做到比较高效；但是对业务的侵入性非常强，设计开发维护等成本很高。

4）SAGA 模式与 TCC 模式的优缺点类似但没有 try 这个阶段，而是每个正向事务都对应一个补偿事务，开发维护成本高。

5）开源项目 SEATA 的 AT 模式非常高性能且无代码开发工作量，可以自动执行回滚操作，同时也存在一些使用场景限制。

（8）**参考答案** D

试题解析 事件驱动架构不仅用于（微）服务解耦，还可应用于如下场景中。

1）增强服务韧性：由于服务间是异步集成的，也就是下游的任何处理失败甚至宕机都不会被上游感知，自然也就不会对上游带来影响。

2）命令查询职责分离（Command Query Responsibility Segregation，CQRS）：把对服务状态有影响的命令用事件来发起，而对服务状态没有影响的查询才使用同步调用的 API 接口；结合 EDA 中的 Event Sourcing 机制可以用于维护数据变更的一致性，当需要重新构建服务状态时，把 EDA 中的事件重新"播放"一遍即可。

3）数据变化通知：在服务架构下，往往一个服务中的数据发生变化，另外的服务会感兴趣，如用户订单完成后，积分服务、信用服务等都需要得到事件通知并更新用户积分和信用等级。

4）构建开放式接口：在 EDA 下，事件的提供者并不用关心有哪些订阅者，不像服务调用的场景，数据的产生者需要知道数据的消费者在哪里并调用它，因此保持了接口的开放性。

5）事件流处理：应用于大量事件流（而非离散事件）的数据分析场景，典型应用是基于 Kafka 的日志处理。

14.3 云原生架构相关技术

- 下列关于 Docker 容器的说法错误的是___(1)___。
  - (1) A. Docker 容器基于操作系统虚拟化技术，共享操作系统内核、轻量、没有资源损耗、秒级启动，极大提升了系统的应用部署密度和弹性
    - B. Docker 提出了创新的应用打包规范——Docker 镜像，解耦了应用与运行环境，使应用可以在不同计算环境下一致、可靠地运行
    - C. 借助容器技术呈现了一个优雅的抽象场景，即让开发所需要的灵活性、开放性和运维所关注的标准化、自动化达成相对平衡
    - D. Docker 能够根据应用请求的资源量 CPU、Memory，或者 GPU 等设备资源，在集群中选择合适的节点来运行应用
- 下列不属于 Kubernetes 的特点的是___(2)___。
  - (2) A. 资源调度和应用部署与管理　　B. 自动修复和服务发现
    - C. 声明式 API 和 CPU 调度　　　　D. 可扩展性架构
- 下列不属于微服务技术的是___(3)___。
  - (3) A. Apache Dubbo　　　　　　　　B. Spring Cloud
    - C. SOFAStack　　　　　　　　　　D. JWT
- 下列关于 Serverless 计算的特征不正确的是___(4)___。
  - (4) A. 关注运维复杂度　　　　　　　B. 全托管的计算服务
    - C. 通用性　　　　　　　　　　　　D. 自动弹性伸缩
- 服务网格（Service Mesh）是分布式应用在微服务软件架构之上发展起来的新技术，旨在将那些微服务间的___(5)___等通用功能下沉为平台基础设施，实现应用与平台基础设施的解耦。
  - (5) A. 连接、安全、流量控制和可观测　B. 访问、重试、容错性
    - C. 服务发现、治理、可用性　　　　D. 限流、熔断、可靠性

答案及解析

(1) **参考答案 D**

试题解析　Docker 容器基于操作系统虚拟化技术，共享操作系统内核、轻量、没有资源损耗、秒级启动，极大提升了系统的应用部署密度和弹性。更重要的是，Docker 提出了创新的应用打包规范——Docker 镜像，解耦了应用与运行环境，使应用可以在不同计算环境下一致、可靠地运行。借助容器技术呈现了一个优雅的抽象场景，即让开发所需要的灵活性、开放性和运维所关注的标准化、自动化达成相对平衡。容器镜像迅速成为了应用分发的工业标准。

Kubernetes 提供了分布式应用管理的核心能力——资源调度，即根据应用请求的资源量 CPU、

Memory，或者 GPU 等设备资源，在集群中选择合适的节点来运行应用。

（2）**参考答案 C**

试题解析 Kubernetes 已经成为容器编排的事实标准，被广泛用于自动部署，扩展和管理容器化应用。

Kubernetes 提供了分布式应用管理的核心能力。

资源调度：根据应用请求的资源量 CPU、Memory，或者 GPU 等设备资源，在集群中选择合适的节点来运行应用。

应用部署与管理：支持应用的自动发布与应用的回滚，以及与应用相关的配置的管理；也可以自动化存储卷的编排，让存储卷与容器应用的生命周期相关联。

自动修复：Kubernetes 能监测这个集群中所有的宿主机，当宿主机或者 OS 出现故障时，节点健康检查会自动进行应用迁移。K8s 也支持应用的自愈，极大简化了运维管理的复杂性。

服务发现与负载均衡：通过 Service 资源出现各种应用服务，结合 DNS 和多种负载均衡机制，支持容器化应用之间的相互通信。

弹性伸缩：K8s 可以监测业务上所承担的负载，如果这个业务本身的 CPU 利用率过高，或者响应时间过长，它可以对这个业务进行自动扩容。Kubernetes 的控制平面包含四个主要的组件：APIServer、Controller、Scheduler 以及 etcd。

声明式 API：开发者可以关注于应用自身，而非系统执行细节。比如 Deployment（无状态应用）、StatefulSet（有状态应用）、Job（任务类应用）等不同资源类型，提供了对不同类型工作负载的抽象；对 Kubernetes 实现而言，基于声明式 API 的 level-triggered 实现比 edge-triggered 方式可以提供更加健壮的分布式系统实现。

可扩展性架构：所有 K8s 组件都是基于一致的、开放的 API 实现和交互的；三方开发者也可通过 CRD（Custom Resource Defnition）/Operator 等方法提供领域相关的扩展实现，极大提升了 K8s 的能力。

可移植性：K8s 通过一系列抽象如负载均衡服务（Load Balance Service，LBS）、容器网络接口（Container Network Interface，CNI）、容器存储接口（Container Storage Interface，CSI），帮助业务应用可以屏蔽底层基础设施的实现差异实现容器灵活迁移的设计目标。

（3）**参考答案 D**

试题解析 Apache Dubbo 作为源自阿里巴巴的一款开源高性能 RPC 框架，特性包括基于透明接口的 RPC、智能负载均衡、自动服务注册和发现、可扩展性高、运行时流量路由与可视化的服务治理。经过数年发展已是国内使用最广泛的微服务框架并构建了强大的生态体系。为了巩固 Dubbo 生态的整体竞争力，2018 年阿里巴巴陆续开源了 Spring Cloud Alibaba（分布式应用框架）、Nacos（注册中心&配置中心）、Sentinel（流控防护）、Seata（分布式事务）、Chaosblade（故障注入），以便让用户享受阿里巴巴十年沉淀的微服务体系，获得简单易用、高性能、高可用等核心能力。目前 Dubbo 协议已经被 Envoy 支持，数据层选址、负载均衡和服务治理方面的工作还在继续，控制层目前在继续丰富 Istio/Pilot-discovery 中。

Spring Cloud 作为开发者的主要微服务选择之一，为开发者提供了分布式系统需要的配置管理、服务发现、断路器、智能路由、微代理、控制总线、一次性 Token、全局锁、决策竞选、分布式会话与集群状态管理等能力和开发工具。

Eclipse MicroProfle 作为 Java 微服务开发的基础编程模型，它致力于定义企业 Java 微服务规范，MicroProfle 提供指标、API 文档、运行状况检查、容错与分布式跟踪等能力，使用它创建的云原生微服务可以自由地部署在任何地方，包括服务网格架构。

Tars 是腾讯将其内部使用的微服务框架（Total Application Framework，TAF）多年的实践成果总结而成的开源项目，在腾讯内部有上百个产品使用，服务内部数千名 C++、Java、Golang、Node. Js 与 PHP 开发者。Tars 包含一整套开发框架与管理平台，兼顾多语言、易用性、高性能与服务治理，理念是让开发更聚焦业务逻辑，让运维更高效。

SOFAStack（Scalable Open Financial Architecture Stack）是由蚂蚁金服开源的一套用于快速构建金融级分布式架构的中间件，也是在金融场景里的最佳实践。MOSN 是 SOFAStack 的组件，它是一款采用 Go 语言开发的服务网格数据平面代理，功能和定位类似 Envoy，旨在提供分布式模块化、可观测、智能化的代理能力。MOSN 支持 Envoy 和 Istio 的 API，可以和 Istio 集成。

分布式应用运行时（Distributed Application Runtime，DAPR）是微软新推出的一种可移植的、无服务器的、事件驱动的运行时，它使开发人员可以轻松构建弹性、无状态和有状态微服务，这些服务运行在云和边缘上，并包含多种语言和开发框架。

（4）**参考答案** A

试题解析 Serverless 计算包含以下特征：

1）全托管的计算服务，客户只需要编写代码构建应用，无需关注同质化的、负担繁重的、基于服务器等基础设施的开发、运维、安全、高可用等工作。

2）通用性，结合云 BaaS API 的能力，能够支撑云上所有重要类型的应用。

3）自动弹性伸缩，让用户无需为资源使用提前进行容量规划。

4）按量计费，让企业使用成本得到有效降低，无需为闲置资源付费。

（5）**参考答案** A

试题解析 服务网格（Service Mesh）是分布式应用在微服务软件架构之上发展起来的新技术，旨在将那些微服务间的连接、安全、流量控制和可观测等通用功能下沉为平台基础设施，实现应用与平台基础设施的解耦。这个解耦意味着开发者无需关注微服务相关治理问题而聚焦于业务逻辑本身提升应用开发效率并加速业务探索和创新。换句话说，因为大量非功能性从业务进程剥离到另外进程中，服务网格以无侵入的方式实现了应用轻量化。

第15章 面向服务架构设计理论与实践

15.1 SOA 的相关概念

- 从软件的基本原理定义，可以认为 SOA 是一个组件模型，它将应用程序的不同功能单元（称为服务）通过这些服务之间定义良好的___(1)___联系起来。接口是采用中立的方式进行定义的，它应该独立于实现服务的硬件平台、操作系统和编程语言。这使得构建在各种这样的系统中的服务可以以一种统一和通用的方式进行交互。

  (1) A．网络协议和数据格式　　　　　B．数据交互和数据传输
  　　C．接口和契约　　　　　　　　　　D．函数和对象

- 面向 Web 服务的业务流程执行语言（Business Process Execution Language For Web Services，BPEL），也有文献简写成 BPEL4WS，它是一种使用 Web 服务定义和执行业务流程的语言。使用 BPEL，用户可以通过___(2)___Web 服务自上而下地实现面向服务的体系结构。BPEL 提供了一种相对简单易懂的方法，可将多个 Web 服务组合到一个新的复合服务（称为业务流程）中。

  (2) A．创建、编排、集成　　　　　　　B．组合、编排和协调
  　　C．定义、编排、组装　　　　　　　D．开发、测试、部署

- ___(3)___关注的是业务，以业务驱动技术，强调 IT 与业务的对齐，以开放标准封装业务流程和已有的应用系统，实现应用系统之间的相互访问。

  (3) A．面向过程方法　　　　　　　　　B．面向对象方法
  　　C．面向构件方法　　　　　　　　　D．面向服务方法

答案及解析

（1）**参考答案** C

试题解析 从软件的基本原理定义，可以认为SOA是一个组件模型，它将应用程序的不同功能单元（称为服务）通过这些服务之间定义良好的接口和契约联系起来。接口是采用中立的方式进行定义的，它应该独立于实现服务的硬件平台、操作系统和编程语言。这使得构建在各种这样的系统中的服务可以以一种统一和通用的方式进行交互。

（2）**参考答案** B

试题解析 面向Web服务的业务流程执行语言（Business Process Execution Language For Web Services，BPEL），也有文献简写成BPEL4WS，它是一种使用Web服务定义和执行业务流程的语言。使用BPEL，用户可以通过组合、编排和协调Web服务自上而下地实现面向服务的体系结构。BPEL提供了一种相对简单易懂的方法，可将多个Web服务组合到一个新的复合服务（称为业务流程）中。

（3）**参考答案** D

试题解析 从应用的角度来看，组织内部、组织之间各种应用系统的互相通信和互操作性直接影响着组织对信息的掌握程度和处理速度。如何使信息系统快速响应需求与环境变化，提高系统可复用性、信息资源共享和系统之间的互操作性，成为影响信息化建设效率的关键问题，而面向服务的思维方式恰好满足了这种需求。

15.2 SOA 的发展历史

- 三个著名的Web服务标准和规范分别是___（1）___。
  - （1）A．简单对象访问协议、Web服务描述语言、通用服务发现和集成协议
    - B．HTTP协议、XML文档、Web服务器
    - C．简单对象访问协议、XML文档、通用服务发现和集成协议
    - D．HTTP协议、XML文档、通用服务发现和集成协议
- 下列关于SOA与微服务的区别的说法，错误的是___（2）___。
  - （2）A．微服务相比于SOA更加精细，微服务更多地以独立的进程的方式存在，互相之间并无影响
    - B．微服务提供的接口方式更加通用化，例如HTTP/RESTful方式，各种终端都可以调用，无关语言、平台限制
    - C．微服务更倾向于分布式去中心化的部署方式，在互联网业务场景下更适合
    - D．微服务按照功能模块拆分成独立的小服务，但需要协作才能完成更完整的功能，因此增加了互相之间的耦合程度

答案及解析

（1）**参考答案 A**

试题解析 三个著名的 Web 服务标准和规范分别是简单对象访问协议（Simple Object Access Protocal，SOAP）、Web 服务描述语言（Web Services Description Language，WSDL）及通用服务发现和集成协议（Universal Discovery Description and Integration，UDD）。

（2）**参考答案 D**

试题解析 SOA 架构向更细粒度、更通用化程度发展，就成了所谓的微服务了。SOA 与微服务的区别在于如下几个方面：

1）微服务相比于 SOA 更加精细，微服务更多地以独立的进程的方式存在，互相之间并无影响。

2）微服务提供的接口方式更加通用化，如 HTTP/RESTful 方式，各种终端都可以调用，无关语言、平台限制。

3）微服务更倾向于分布式去中心化的部署方式，在互联网业务场景下更适合。

15.3 SOA 的参考架构

- 下列不属于企业集成架构的服务分类的是____(1)____。
  - （1）A．业务逻辑服务和接入服务　　　　B．控制服务和连接服务
  - 　　　C．业务创新和优化服务　　　　　　D．开发服务和 IT 服务管理
- ESB 的基本特征和能力不包括____(2)____。
  - （2）A．描述服务的元数据和服务注册管理
  - 　　　B．在服务请求者和提供者之间传递数据，以及对这些数据进行转换的能力，并支持由实践中总结出来的一些模式如同步模式、异步模式等
  - 　　　C．对服务进行调度等，通过集群的方式，根据请求的压力进行自动扩缩容，以应对随时到来的突发流量
  - 　　　D．发现、路由、匹配和选择的能力，以支持服务之间的动态交互，解耦服务请求者和服务提供者。高级一些的能力，包括对安全的支持、服务质量保证、可管理性和负载平衡等
- 以服务为中心的企业集成通过____(3)____访问服务来实现对已有应用和信息的集成。它通过各种适配器技术将已有系统中的业务逻辑和业务数据包装成企业服务总线支持的协议和数据格式。
  - （3）A．服务发现和服务治理　　　　　　B．SOAP 和 REST 网络调用
  - 　　　C．网络协议和网络接口　　　　　　D．应用和信息

- 下列服务中不包含于伙伴服务的是___(4)___。
  (4) A. 接口服务 　　　　　　　　B. 社区服务
  　　C. 文档服务 　　　　　　　　D. 协议服务
- 以服务为中心的企业集成通过信息服务提供集成数据的能力，下列关于企业信息服务的说法，错误的是___(5)___。
  (5) A. 联邦服务：提供将各种类型的数据聚合的能力，它既支持关系型数据，也支持像 XML 数据、文本数据和内容数据等非关系型数据。但是，所有的数据无法按照自己本身的方式管理
  　　B. 复制服务：提供远程数据的本地访问能力，它通过自动的实时复制和数据转换，在本地维护一个数据源的副本。本地数据和数据源在技术实现上可以是独立的
  　　C. 转换服务：用于数据源格式到目标格式的转换，可以是批量的或者是基于记录的
  　　D. 搜索服务：提供对企业数据的查询和检索服务，既支持数据库等结构化数据，也支持像 PDF 等非结构化数据

答案及解析

（1）**参考答案 A**

试题解析 企业集成架构的服务包括：

1）业务逻辑服务：包括用于实现业务逻辑的服务和执行业务逻辑的能力，其中包括业务应用服务、业务伙伴服务以及应用和信息资产。

2）控制服务：包括实现人、流程和信息集成的服务，以及执行这些集成逻辑的能力。

3）连接服务：通过提供企业服务总线提供分布在各种架构元素中服务间的连接性。

4）业务创新和优化服务：用于监控业务系统运行时服务的业务性能，并通过及时了解到的业务性能和变化，采取措施适应变化的市场。

5）开发服务：贯彻整个软件开发生命周期的开发平台，从需求分析，到建模、设计、开发、测试和维护等全面的工具支持。

6）IT 服务管理：支持业务系统运行的各种基础设施管理能力或服务，如安全服务、目录服务、系统管理和资源虚拟化。

（2）**参考答案 C**

试题解析 ESB 的基本特征和能力包括：描述服务的元数据和服务注册管理；在服务请求者和提供者之间传递数据，以及对这些数据进行转换的能力，并支持由实践中总结出来的一些模式，如同步模式、异步模式等；提供发现、路由、匹配和选择的能力，以支持服务之间的动态交互，解耦服务请求者和服务提供者。高级一些的能力，包括对安全的支持、服务质量保证、可管理性和负载平衡等。

（3）**参考答案** D

试题解析 以服务为中心的企业集成通过应用和信息访问服务来实现对已有应用和信息的集成。它通过各种适配器技术将已有系统中的业务逻辑和业务数据包装成企业服务总线支持的协议和数据格式。通过企业服务总线，这些被包装起来的业务逻辑和数据就可以方便地参与上层的业务流程，从而已有应用系统的能力可以得以继续发挥。

（4）**参考答案** A

试题解析 整合客户和业务伙伴（B2C/B2B）——伙伴服务

以服务为中心的企业集成通过伙伴服务提供与企业外部的 B2B 的集成能力。因为业务伙伴系统的异构性，伙伴服务需要支持多种传输协议和数据格式。在参考架构中，提供如下服务。

1）社区服务：用于管理和企业贸易的业务伙伴，支持以交易中心为主的集中式管理和以伙伴为中心的自我管理。

2）文档服务：用于支持和业务伙伴交换的文档格式，以及交互的流程和状态管理，支持主流的 RosettaNet、EDI 和 AS1/AS2 等。

3）协议服务：为文档的交互提供传输层的支持，包括认证和路由等。

（5）**参考答案** A

试题解析 以服务为中心的企业集成通过信息服务提供集成数据的能力，目前主要包括如下集中信息服务。

1）联邦服务：提供将各种类型的数据聚合的能力，它既支持关系型数据，也支持像 XML 数据、文本数据和内容数据等非关系型数据。同时，所有的数据仍然按照自己本身的方式管理。

2）复制服务：提供远程数据的本地访问能力，它通过自动的实时复制和数据转换，在本地维护一个数据源的副本。本地数据和数据源在技术实现上可以是独立的。

3）转换服务：用于数据源格式到目标格式的转换，可以是批量的或者是基于记录的。

4）搜索服务：提供对企业数据的查询和检索服务，既支持数据库等结构化数据，也支持像 PDF 等非结构化数据。

15.4 SOA 主要协议和规范

- UDDI 是 Web 服务集成的一个体系框架，包含了服务描述与发现的标准规范。UDDI 规范利用了 W3C 和 Internet 工程任务组织的很多标准作为其实现基础，如___（1）___等协议。

  （1）A．SOAP、RESTFUL、XML　　　　B．XML、HTTP、DNS
  　　　C．HTTP、CDN、WSDL　　　　　　D．RCP、HTTP、CDN

- Web 服务描述语言（Web Services Description Language，WSDL），是一个用来描述 Web 服务和说明如何与 Web 服务通信的 XML 语言，通过 WSDL，可描述 Web 服务的基本属性。下列不属于通过 WSDL 描述的 Web 服务的基本属性的是___（2）___。

  （2）A．服务做些什么——服务所提供的操作（方法）

- B．如何访问服务——和服务交互的数据格式以及必要协议
- C．服务位于何处——协议相关的地址，如 URL
- D．服务如何部署——封装成 docker 的必要步骤

● SOAP 是在分散或分布式的环境中交换信息的简单的协议，是一个基于 XML 的协议。它包括四个部分，下列说法不正确的是___（3）___。

（3）A．SOAP 封装定义了一个消息中的内容是什么，是谁发送的，谁应当接收并处理它以及如何处理它们的框架
- B．SOAP 编码规则用于表示应用程序需要使用的数据类型的实例
- C．SOAPRPC 表示是远程过程调用和应答的协定
- D．SOAP 绑定是使用上层协议交换信息

● 表述性状态转移（Representational State Transfer，REST），可以理解为资源表述性状态转移。下列有关 REST 的叙述错误的是___（4）___。

（4）A．REST 是以业务为中心构建，业务可以是一个订单，也可以是一幅图片
- B．REST 中用表述描述资源在 Web 中某一个时间的状态
- C．REST 定义中状态分为应用状态和资源状态两种
- D．超链接通过在页面中嵌入链接和其他资源建立联系

答案及解析

（1）**参考答案** B

试题解析 UDDI 是 Web 服务集成的一个体系框架，包含了服务描述与发现的标准规范。UDDI 规范利用了 W3C 和 Internet 工程任务组织的很多标准作为其实现基础，如 XML、HTTP 和 DNS 等协议。另外，在跨平台的设计特性中，UDDI 主要采用了已经被提议给 W3C 的简单对象访问协议（Simple Object Access Protocol，SOAP）规范的早期版本。

（2）**参考答案** D

试题解析 Web 服务描述语言（Web Services Description Language，WSDL），是一个用来描述 Web 服务和说明如何与 Web 服务通信的 XML 语言。它是 Web 服务的接口定义语言，由 Ariba、Intel、IBM 和 MS 等共同提出，通过 WSDL，可描述 Web 服务的三个基本属性。

1）服务做些什么——服务所提供的操作（方法）。
2）如何访问服务——和服务交互的数据格式以及必要协议。
3）服务位于何处——协议相关的地址，如 URL。

（3）**参考答案** D

试题解析 SOAP 是在分散或分布式的环境中交换信息的简单的协议，是一个基于 XML 的协议。它包括四个部分：SOAP 封装，定义了一个消息中的内容是什么，是谁发送的，谁应当接收并处理它以及如何处理它们的框架；SOAP 编码规则，用于表示应用程序需要使用的数据类型的实例；

SOAPRPC 表示是远程过程调用和应答的协定；SOAP 绑定是使用底层协议交换信息。

（4）**参考答案** A

试题解析 表述性状态转移（Representational State Transfer，REST），可以理解为资源表述性状态转移。

1）资源。REST 是以资源为中心构建，资源可以是一个订单，也可以是一幅图片。将互联网中一切暴露给客户端的事物都可以看作一种资源，对资源相关数据和表述进行组合，借助统一资源标识符（Uniform Resource Identifier，URI）标识 Web 上的资源。但是 URI 和资源又不是一一映射的，一个资源可以设计多个 URI，但一个 URI 只能对应一种资源。

2）表述。REST 中用表述描述资源在 Web 中某一个时间的状态。客户端和服务端借助 RESTful API 传递数据，实际就是在进行资源表述的交互。表述在 Web 中常用表现形式有 HTML、JSON、XML、纯文本等，但是资源表述返回客户端的形式只是统一格式，是开发阶段根据实际需求设计一个统一的表述格式。

3）状态转移。REST 定义中状态分为应用状态和资源状态两种。应用状态是对某个时间内用户请求会话相关信息的快照，保存在客户端，由客户端自身维护，可以和缓存配合降低服务端并发请求压力。资源状态在服务端保存，是对某个时间资源请求表述的快照，保存在服务端，如果一段时间内没有对资源状态进行改变，客户端对同一资源请求返回的表述一致。同时状态转移还要借助 HTTP 方法来实现，如 GET 方法、POST 方法、DELETE 方法等。

4）超链接。超链接通过在页面中嵌入链接和其他资源建立联系，这里的资源可以是文本、图片、文件等。REST 定义中超链接是很重要的一部分，在资源表述中除了处理当前请求资源信息外，还会添加一些相关资源 URI，将一些资源接口暴露给客户端，便于用户请求这些资源，实现资源状态转移。这些超链接包含在应用状态中，由客户端维护保存，并不是服务端提前设定好的，是在服务请求过程中添加进去的，客户端对其解析提供给用户。

15.5 SOA 设计的标准要求

- SOA 服务用消息进行通信，该消息通常使用 ___（1）___ 来定义。消费者和提供者，或消费者和服务之间的通信多见于不知道提供者的环境中。服务间的通信也可以看作企业内部处理的关键商业文档。

    （1）A．SOAP   B．HTTP
        C．XMLSchema   D．REST

- 在一个企业内部，SOA 服务通过一个 ___（2）___ 角色的登记处来进行维护。应用程序在登记处寻找并调用某项服务。统一描述、定义和集成是服务登记的标准。

    （2）A．应用程序协调者   B．扮演目录列表
        C．分布式事务协调者   D．服务集成管理者

- 下列有关 QoS 服务和相关标准的叙述中，错误的是___（3）___。
  （3）A．在典型的 SOA 环境中，服务消费者和服务提供者之间会有几种不同的文档进行交换。如"传送且仅传送一次""最多传送一次""重复消息过滤"和"保证消息传送"等特性消息的发送和确认
  B．Web 服务安全规范用来保证消息的安全性。该规范主要包括消息的机密性、完整性、可靠性
  C．服务提供者有时候会要求服务消费者与某种策略通信。例如，服务提供商可能会要求消费者提供 Kerberos 安全标示才能取得某项服务
  D．随着企业服务的增长，所使用的服务和业务进程的数量也随之增加，一个用来让系统管理员管理所有，运行在多种环境下的服务的管理系统就显得尤为重要

答案及解析

（1）参考答案 C

试题解析　SOA 服务用消息进行通信，该消息通常使用 XMLSchema 来定义，XMISchema 也称作 XSD（XMISchema Definition）。消费者和提供者，或消费者和服务之间的通信多见于不知道提供者的环境中。服务间的通信也可以看作企业内部处理的关键商业文档。

（2）参考答案 B

试题解析　在一个企业内部，SOA 服务通过一个扮演目录列表角色的登记处来进行维护。应用程序在登记处寻找并调用某项服务。统一描述、定义和集成是服务登记的标准。

（3）参考答案 B

试题解析　QoS 服务和相关标准。

1）可靠性。在典型的 SOA 环境中，服务消费者和服务提供者之间会有几种不同的文档进行交换如"传送且仅传送一次""最多传送一次""重复消息过滤"和"保证消息传送"等特性消息的发送和确认，在关键任务系统中变得十分重要。WS-Reliability 和 WS-Reliable Messaging 是两个用来解决此类问题的标准。这些标准现在都由 OASIS 负责。

2）安全性。Web 服务安全规范用来保证消息的安全性。该规范主要包括认证交换、消息完整性和消息保密。该规范吸引人的地方在于它借助现有的安全标准，例如，安全断言标记语言（Security Assertion Markup Language，SAML）实现 Web 服务消息的安全。OASIS 正致力于 Web 服务安全规范的制定。

3）策略。服务提供者有时候会要求服务消费者与某种策略通信。例如，服务提供商可能会要求消费者提供 Kerberos 安全标示才能取得某项服务。这些要求被定义为策略断言，一项策略可能会包含多个断言。WS-Policy 用来标准化服务消费者和服务提供者之间的策略通信。

4）控制。在 SOA 中，进程是使用一组离散的服务创建的。BPEL4WS 或者 WSBPEL（Web

Service Business Process Execution Language）是用来控制这些服务的语言。当企业着手于服务架构时服务可以用来整合数据仓库、应用程序以及组件。整合应用意味着如异步通信、并行处理、数据转换，以及校正等进程请求必须被标准化。

5）管理。随着企业服务的增长，所使用的服务和业务进程的数量也随之增加，一个用来让系统管理员管理所有，运行在多种环境下的服务的管理系统就显得尤为重要。WSDM（Web Services for Distributed Management）的制定，使任何根据 WSDM 实现的服务都可以由一个 WSDM 适应（WSDM-compliant）的管理方案来管理。

15.6　SOA 的作用

- SOA 对于实现企业资源共享，打破"信息孤岛"的步骤为___(1)___。

  （1）A．把应用和数据转换成资源，把这些资源变成标准的服务，形成资源的共享
  　　　B．把代码和数据结构转换成对象，把这些对象变成标准的服务，形成资源的共享
  　　　C．把类和包转换成资源，把这些资源变成标准的服务，形成资源的共享
  　　　D．把应用和资源转换成服务，把这些服务变成标准的服务，形成资源的共享

答案及解析

（1）**参考答案 D**

试题解析　SOA 对于实现企业资源共享，打破"信息孤岛"的步骤如下：
1）把应用和资源转换成服务。
2）把这些服务变成标准的服务，形成资源的共享。

15.7　SOA 的设计原则

- 关于服务常见和讨论的设计原则，下列叙述中错误的是___(1)___。

  （1）A．无状态是指避免服务提供者依赖于服务请求者的状态
  　　　B．明确定义的接口。服务的接口由 WSDL 定义，用于指明服务的公共接口与其内部专用实现之间的界线
  　　　C．服务之间的松耦合性。服务使用者看到的是服务的接口，其位置、实现技术和当前状态等对使用者是不可见的，服务私有数据对服务使用者是不可见的
  　　　D．重用能力。服务应该是可以重用的

答案及解析

（1）**参考答案** A

试题解析 关于服务，一些常见和讨论的设计原则如下：

1）无状态。指避免服务请求者依赖于服务提供者的状态。

2）单一实例。避免功能冗余。

3）明确定义的接口。服务的接口由 WSDL 定义，用于指明服务的公共接口与其内部专用实现之间的界线。WS-Policy 用于描述服务规约，XML 模式（Schema）用于定义所交换的消息格式（即服务的公共数据）。使用者依赖服务规约调用服务，所以服务定义必须长时间稳定，一旦公布，不能随意更改；服务的定义应尽可能明确，减少使用者的不适当使用，不让使用者看到服务内部的私有数据。

4）自包含和模块化。服务封装了那些在业务上稳定、重复出现的活动和组件，实现服务的功能实体是完全独立自主的，独立进行部署、版本控制、自我管理和恢复。

5）粗粒度。服务数量不应该太大，依靠消息交互而不是远程过程调用（Remote Procedure Call，RPC），通常消息量比较大，但是服务之间的交互频度较低。

6）服务之间的松耦合性。服务使用者看到的是服务的接口，其位置、实现技术和当前状态等对使用者是不可见的，服务私有数据对服务使用者是不可见的。

7）重用能力。服务应该是可以重用的。

8）互操作性、兼容和策略声明。为了确保服务规约的全面和明确，策略成为一个越来越重要的方面。这可以是技术相关的内容，如一个服务对安全性方面的要求；也可以是跟业务有关的语义方面的内容，如需要满足的费用或者服务级别方面的要求，这些策略对于服务在交互时是非常重要的。WS-Policy 用于定义可配置的互操作语义，来描述特定服务的期望、控制其行为。在设计时，应该利用策略声明确保服务期望和语义兼容性方面的完整和明确。

15.8 SOA 的设计模式

- 服务注册是指应用开发者（也称服务提供者）向注册表公布他们的功能。他们公布服务合同，包括服务___（1）___等描述性属性。

    （1）A．身份、位置、协议、绑定、配置、方案和策略
    　　　B．身份、URL、方法、绑定、配置、方案和策略
    　　　C．身份、位置、方法、绑定、配置、方案和策略
    　　　D．身份、位置、方法、绑定、权限、方案和策略

- 服务位置是指服务应用开发者，帮助他们___（2）___，寻找符合自身要求的服务。注册表让服务的消费者检索服务合同。

(2) A．查询注册服务 B．查询消费服务
　　C．查询合适的服务 D．查询服务目录

- 服务绑定是指服务的消费者利用检索到的___(3)___来开发代码，开发的代码将与注册的服务绑定、调用注册的服务并与它们实现互动。

(3) A．服务接口 B．服务协议
　　C．服务等级 D．服务合同

- ESB 本质上是以___(4)___形式支持服务单元之间进行交互的软件平台。各种程序组件以标准的方式连接在该"总线"上，并且组件之间能够以格式统一的消息通信的方式来进行交互。

(4) A．构件 B．对象
　　C．中间件 D．服务

- 关于 ESB 总线模式的说法错误的是___(5)___。

(5) A．ESB 最大限度上解耦了组件之间的依赖关系，降低了软件系统互连的复杂性
　　B．连接在总线上的组件需要了解其他组件和应用系统的位置及交互协议，向服务总线发出请求，消息即可获得所需服务
　　C．服务总线事实上实现了组件和应用系统的位置透明和协议透明
　　D．技术人员可以通过开发符合 ESB 标准的组件（适配器）将外部应用连接至服务总线，实现与其他系统的互操作

- ESB 的核心功能有___(6)___。
①提供位置透明性的消息路由和寻址服务
②提供服务注册和命名的管理功能
③支持多种消息传递范型（如请求/响应、发布/订阅等）
④支持多种可以广泛使用的传输协议
⑤支持多种数据格式及其相互转换
⑥提供日志和监控功能

(6) A．①②③④⑤⑥ B．①②③④⑤
　　C．①②③⑤ D．①②③⑤⑥

- 下列不属于微服务的特点的是___(7)___。

(7) A．复杂应用解耦 B．技术选型灵活
　　C．松耦合，易扩展 D．高可用

- 在___(8)___中，具体有两种形式，一种是将检索到的数据信息进行处理并直接展示；另一种是对获取到的数据信息增加业务逻辑处理后，再进一步发布成一个新的微服务作为一个更高层次的组合微服务，相当于从服务消费者转换成服务提供者。

(8) A．链式微服务 B．聚合器微服务
　　C．数据共享微服务 D．异步消息传递微服务

答案及解析

（1）**参考答案** C

试题解析 服务注册是指应用开发者（也称服务提供者）向注册表公布他们的功能。他们公布服务合同，包括服务身份、位置、方法、绑定、配置、方案和策略等描述性属性。实现 SOA 治理最有效的方法之一，是限制哪类新服务可以向主注册表发布、由谁发布、由谁批准和根据什么条件批准。此外，许多注册表包含开发向注册表发布服务可能需要的说明性服务板。

（2）**参考答案** A

试题解析 服务位置是指服务应用开发者，帮助他们查询注册服务，寻找符合自身要求的服务。注册表让服务的消费者检索服务合同。对谁可以访问注册表，以及什么服务属性通过注册表暴露的控制，是另一些有效的 SOA 治理手段，注册表产品一般都支持此类功能。

（3）**参考答案** D

试题解析 服务绑定是指服务的消费者利用检索到的服务合同来开发代码，开发的代码将与注册的服务绑定、调用注册的服务并与它们实现互动。开发者常常利用集成的开发环境自动将新开发的服务与不同的新协议、方案和程序间通信所需的其他接口绑在一起。工具驱动对服务绑定的控制，有效地管理服务在 ESB 上的互动。

（4）**参考答案** C

试题解析 ESB 本质上是以中间件形式支持服务单元之间进行交互的软件平台。各种程序组件以标准的方式连接在该"总线"上，并且组件之间能够以格式统一的消息通信的方式来进行交互。一个典型的在 ESB 环境中组件之间的交互过程是：首先由服务请求者触发一次交互过程，产生一个服务请求消息，并将该消息按照 ESB 的要求标准化，然后将标准化的消息发送给服务总线。

（5）**参考答案** B

试题解析 ESB 最大限度上解耦了组件之间的依赖关系，降低了软件系统互连的复杂性。连接在总线上的组件无需了解其他组件和应用系统的位置及交互协议，只需要向服务总线发出请求，消息即可获得所需服务。服务总线事实上实现了组件和应用系统的位置透明和协议透明。技术人员可以通过开发符合 ESB 标准的组件（适配器）将外部应用连接至服务总线，实现与其他系统的互操作。同时，ESB 以中间件的方式，提供服务容错、负载均衡、QoS 保障和可管理功能。

（6）**参考答案** A

试题解析 ESB 的核心功能如下。
1）提供位置透明性的消息路由和寻址服务。
2）提供服务注册和命名的管理功能。
3）支持多种消息传递范型（如请求/响应、发布/订阅等）。
4）支持多种可以广泛使用的传输协议。
5）支持多种数据格式及其相互转换。

6）提供日志和监控功能。

（7）**参考答案** D

试题解析 微服务的特点如下。

1）复杂应用解耦。微服务架构将单一模块应用分解为多个微服务，同时保持总体功能不变。应用按照业务逻辑被分解为多个可管理的分支或服务，避免了复杂度的不断积累。每个服务专注于单一功能，通过良好的接口清晰地描述服务边界。由于功能单一、复杂度低，小规模开发团队完全能够掌握，易于保持较高的开发效率，且易于维护。

2）独立。微服务在系统软件生命周期中是独立开发、测试及部署的。微服务具备独立的运行进程，每个微服务可进行独立开发与部署，因此在大型企业互联网系统中，当某个微服务发生变更时无需编译、部署整个系统应用。从测试角度来看，每个微服务具备独立的测试机制，测试过程中不需要建立大范围的回归测试，不用担心测试破坏系统其他功能。因此，微服务组成的系统应用具备一系列可并行的发布流程，使得开发、测试、部署更加高效，同时降低了因系统变更给生产环境造成的风险。

3）技术选型灵活。微服务架构下系统应用的技术选型是去中心化的，每个开发团队可根据自身应用的业务需求发展状况选择合适的体系架构与技术，从而更方便地根据实际业务情况获得系统应用最佳解决方案，并且每个微服务功能单一、结构简单，在架构转型或技术栈升级时面临较低风险，因此系统应用不会被长期限制在某个体系架构或技术栈上。

4）容错。在传统单体应用架构下，当某一模块发生故障时，该故障极有可能在整个应用内扩散，造成全局应用系统瘫痪。然而，在微服务架构下，由于各个微服务相互独立，故障会被隔离在单个服务中，并且系统其他微服务可通过重试、平稳退化等机制实现应用层的容错，从而提高系统应用的容错性。微服务架构良好的容错机制可避免出现单个服务故障导致整个系统瘫痪的情况。

5）松耦合，易扩展。传统单体应用架构通过将整个应用完整地复制到不同节点，从而实现横向扩展。但当系统应用的不同组件在扩展需求上存在差异时，会导致系统应用的水平扩展成本很高。微服务架构中每个服务之间都是松耦合的，可以根据实际需求实现独立扩展，体现微服务架构的灵活性。

（8）**参考答案** B

试题解析 聚合器微服务：聚合器调用多个微服务实现系统应用程序所需功能，具体有两种形式：一种是将检索到的数据信息进行处理并直接展示；另一种是对获取到的数据信息增加业务逻辑处理后，再进一步发布成一个新的微服务作为一个更高层次的组合微服务，相当于从服务消费者转换成服务提供者。与普通微服务特性相同，聚合器微服务也有自己的缓存和数据库。

链式微服务：客户端或服务在收到请求后，会返回一个经过合并处理的响应，该模式即为链式微服务设计模式。

数据共享微服务：运用微服务架构重构现有单体架构应用时，SQL数据库反规范化可能会导致数据重复与不一致现象。

异步消息传递微服务：目前流行开发RESTful风格的API，REST使用HTTP协议控制资源，并通过UPL加以实现。

15.9 构建 SOA 架构时应该注意的问题

- 当 SOA 架构师遇到一个十分复杂的企业系统时,首先考虑的应该是___(1)___。
  - (1) A. 如何演化遗留系统　　　　　　B. 如何重构已有的系统
  　　 C. 如何替换遗留系统　　　　　　D. 如何重用已有的投资
- 当 SOA 架构师分析原有系统中的集成需求时,不应该只限定为基于组件构建的已有应用程序的集成,真正的集成比这要宽泛得多。在分析和评估一个已有系统体系结构的集成需求时,必须考虑一些更加具体的集成的类型,这主要包括以下几个方面___(2)___。
  - (2) A. 应用程序集成的需求,终端用户界面集成的需求,流程集成的需求以及已有系统数据集成的需求
    B. 应用服务集成的需求,终端用户界面集成的需求,数据集成的需求以及已有系统信息集成的需求
    C. 应用程序集成的需求,终端用户界面集成的需求,数据集成的需求以及已有系统信息集成的需求
    D. 应用程序集成的需求,终端用户界面集成的需求,流程集成的需求以及已有系统信息集成的需求
- SOA 系统中服务粒度的控制是一项十分重要的设计任务。通常来说,对于将暴露在整个系统外部的服务推荐使用___(3)___接口。
  - (3) A. 粗粒度　　　　　　　　　　　B. 细粒度
    　　C. 同步　　　　　　　　　　　　D. 异步
- SOA 系统架构中的具体服务应该都是___(4)___的请求,在实现这些服务的时候不需要前一个请求的状态,也就是说服务不应该依赖于其他服务的上下文和状态,即 SOA 架构中的服务应该是无状态的服务。当某一个服务需要依赖时,最好把它定义成具体的业务流程。
  - (4) A. 解耦的、独立部署的　　　　　B. 独立的、自包含
    　　C. 高可靠性、高可用性　　　　　D. 自描述、自包含

答案及解析

(1) 参考答案 D

试题解析　当 SOA 架构师遇到一个十分复杂的企业系统时,首先考虑的应该是如何重用已有的投资而不是替换遗留系统,因为如果考虑到有限的预算,整体系统替换的成本是十分高昂的。

(2) 参考答案 D

试题解析　当 SOA 架构师分析原有系统中的集成需求时,不应该只限定为基于组件构建的已有应用程序的集成,真正的集成比这要宽泛得多。在分析和评估一个已有系统体系结构的集成需求

时，必须考虑一些更加具体的集成的类型，这主要包括以下几个方面：应用程序集成的需求，终端用户界面集成的需求，流程集成的需求以及已有系统信息集成的需求。

(3) 参考答案 A

试题解析 SOA 系统中服务粒度的控制是一项十分重要的设计任务。通常来说，对于将暴露在整个系统外部的服务推荐使用粗粒度的接口，而相对较细粒度的服务接口通常用于企业系统架构的内部。从技术上讲，粗粒度的服务接口可能是一个特定服务的完整执行，而细粒度的服务接口可能是实现这个粗粒度服务接口的具体的内部操作。

(4) 参考答案 B

试题解析 SOA 系统架构中的具体服务应该都是独立的、自包含的请求，在实现这些服务的时候不需要前一个请求的状态，也就是说服务不应该依赖于其他服务的上下文和状态，即 SOA 架构中的服务应该是无状态的服务。当某一个服务需要依赖时，最好把它定义成具体的业务流程。

15.10 SOA 实施的过程

- ___(1)___ 是一种业务咨询和转型的工具，它根据业务职责、职责间的关系等因素，将业务细分为业务领域、业务执行层次和业务组件。

    (1) A．需求分析模型　　　　　　　　B．架构设计模型
        C．流程设计模型　　　　　　　　D．业务组件模型

- 在 SOA 的方法中，服务是业务组件间的契约，因此将服务候选者划分到业务组件，是服务分析中不可或缺的一步。服务候选者列表经过业务组件的划分，会最终形成___(2)___。

    (2) A．结构化的服务等级　　　　　　B．协议化的服务质量
        C．层次化的服务目录　　　　　　D．文档化的服务协议

- 在 SOA 的实施中，自底而上分析方式的目的是利用已有资产来实现服务，已有资产包括已有系统、套装或定制应用、行业规范或业务模型等。这也可以称为"遗留资产分析"，它的主要思想是通过建立已有系统所具有的功能模块目录列表，可以方便地发现那些在不同的系统中被重复实现的功能模块以及可以复用的功能模块，从而将这些模块包装成服务发布出来。遗留资产分析的来源一般是原有系统的___(3)___，遗留系统分析的结果是可以重用的服务列表。

    (3) A．分析和设计文档　　　　　　　B．需求文档
        C．需求规格说明书　　　　　　　D．4+1 视图

- 业务对象是对数据进行检索和处理的组件，是简单的真实世界的软件抽象。业务对象通常位于___(4)___。

    (4) A．表现层　　　　　　　　　　　B．中间层
        C．数据访问层　　　　　　　　　D．数据存储层

答案及解析

（1）**参考答案 D**

试题解析 业务组件模型是业务领域分解的输入之一。业务组件模型是一种业务咨询和转型的工具，它根据业务职责、职责间的关系等因素，将业务细分为业务领域、业务执行层次和业务组件。

（2）**参考答案 C**

试题解析 在 SOA 的方法中，服务是业务组件间的契约，因此将服务候选者划分到业务组件，是服务分析中不可或缺的一步。服务候选者列表经过业务组件的划分，会最终形成层次化的服务目录。

（3）**参考答案 A**

试题解析 在 SOA 的实施中，自底而上分析方式的目的是利用已有资产来实现服务，已有资产包括已有系统、套装或定制应用、行业规范或业务模型等。这也可以称为"遗留资产分析"，它的主要思想是通过建立已有系统所具有的功能模块目录列表，可以方便地发现那些在不同的系统中被重复实现的功能模块以及可以复用的功能模块，从而将这些模块包装成服务发布出来。遗留资产分析的来源一般是原有系统的分析和设计文档，遗留系统分析的结果是可以重用的服务列表。

（4）**参考答案 B**

试题解析 业务对象是对数据进行检索和处理的组件，是简单的真实世界的软件抽象。业务对象通常位于中间层或者业务逻辑层。

第16章
嵌入式系统架构设计理论与实践

16.1 嵌入式系统概述

- 嵌入式系统的发展历程中,微控制器阶段的主要特点是___(1)___。
  - (1) A. 系统结构和功能单一,处理效率低
    - B. 嵌入式系统能够运行于各种不同类型的微处理器上
    - C. 硬件使用嵌入式微处理器,系统开销小,效率高
    - D. 嵌入式处理器集成了网络接口
- 嵌入式微处理器的选择主要考虑因素包括___(2)___。
  - (2) A. 处理器的品牌　　　　　　　　B. 处理器的工作环境温度
    - C. 处理器的颜色　　　　　　　　D. 处理器的形状
- 片上系统设计的主要特点是___(3)___。
  - (3) A. 提供大容量存储　　　　　　B. 集成了多个处理器内核和外设
    - C. 易于维修　　　　　　　　　　D. 高成本
- 下列关于存储器的描述正确的是___(4)___。
  - (4) A. RAM 的数据在断电后不会丢失　　B. ROM 的数据可以随时修改
    - C. DRAM 需要定期刷新数据　　　　D. SRAM 比 DRAM 更便宜
- 在嵌入式系统中,看门狗电路的主要作用是___(5)___。
  - (5) A. 提高系统处理速度　　　　　　B. 增加存储容量
    - C. 在系统发生故障时重新启动系统　D. 提供用户接口
- 嵌入式系统中的总线通常不包括___(6)___。
  - (6) A. 数据总线　　　B. 地址总线　　　C. 电源总线　　　D. 控制总线

- 下列关于嵌入式软件架构的描述正确的是___（7）___。
  - （7）A．早期单片机时代的软件架构分为三层
  - B．嵌入式软件架构不需要考虑硬件特性
  - C．嵌入式操作系统实现计算机资源的统一管理
  - D．嵌入式软件架构已经完全固定，没有变化
- 下列属于典型的嵌入式软件架构的是___（8）___。
  - （8）A．单层架构　　　　　　　　　B．网状架构
  - C．层次化模式架构　　　　　　D．环形架构
- GOA 架构的主要特点不包括___（9）___。
  - （9）A．可移植性　　　　　　　　　B．可互操作性
  - C．可剪裁性　　　　　　　　　D．高成本
- 嵌入式系统架构设计应重点考虑___（10）___。
  - （10）A．系统的颜色　　　　　　　B．系统的重量
  - C．系统的可靠性和安全性　　D．系统的品牌

答案及解析

（1）**参考答案** C

试题解析　微控制器（Microcontroller Unit，MCU）阶段的主要特点是硬件使用嵌入式微处理器，系统开销小，效率高。

（2）**参考答案** B

试题解析　嵌入式微处理器的选择主要考虑因素包括处理器的工作环境温度。

（3）**参考答案** B

试题解析　片上系统（System on Chip，SoC）设计的主要特点是集成了多个处理器内核和外设。

（4）**参考答案** C

试题解析　DRAM 需要定期刷新数据。

（5）**参考答案** C

试题解析　看门狗电路的主要作用是在系统发生故障时重新启动系统。

（6）**参考答案** C

试题解析　按照计算机所传输的信息种类，嵌入式系统中的总线有数据总线、地址总线和控制总线。嵌入式系统中的总线通常不包括电源总线。

（7）**参考答案** C

试题解析　嵌入式操作系统实现计算机资源的统一管理。A 选项在早期的单片机时代，由于嵌入式系统仅仅用于简单控制类系统，当时软件规模很小基本没有嵌入式软件架构之说，要说架构也只能说是分为两层，即监控程序和应用软件。B 选项嵌入式软件需要搭载在硬件上，硬件的特性会

影响软件的设计。D选项嵌入式软件虽然需要搭载在硬件上，但是可以根据不同硬件的特性进行裁剪。

（8）**参考答案** C

试题解析 嵌入式系统的典型架构可概括为两种模式，即层次化模式架构和递归模式架构。

（9）**参考答案** D

试题解析 GOA架构的主要特点有可移植性、可互操作性、可剪裁性、易获得性。不包括高成本。

（10）**参考答案** C

试题解析 嵌入式系统架构设计应重点考虑系统的可靠性和安全性。

16.2 嵌入式系统软件架构原理与特征

- 下列关于递归模式架构的描述，正确的是＿＿＿（1）＿＿＿。
  （1）A．递归模式不能解决系统分解的问题
  　　　B．递归模式只适用于小型系统
  　　　C．递归模式通过逐步求精的方法将复杂系统映射到设计架构中
  　　　D．递归模式不支持系统的扩展
- 嵌入式操作系统与通用操作系统相比，不具备＿＿＿（2）＿＿＿。
  （2）A．可剪裁性　　　B．可移植性　　　C．高资源占用　　　D．强实时性
- 下列关于嵌入式操作系统的分类的描述，错误的是＿＿＿（3）＿＿＿。
  （3）A．嵌入式操作系统分为面向控制、通信等领域的实时操作系统
  　　　B．嵌入式操作系统分为面向消费电子产品的非实时操作系统
  　　　C．嵌入式操作系统不需要支持实时性
  　　　D．嵌入式操作系统包括VxWorks、Android等
- 在嵌入式操作系统的整体结构中，板级支持包（BSP）的主要作用是＿＿＿（4）＿＿＿。
  （4）A．管理处理器的硬件资源　　　B．管理内存的分配和回收
  　　　C．驱动处理器外围芯片　　　　D．提供图形用户界面
- 下列关于嵌入式操作系统任务管理的描述，正确的是＿＿＿（5）＿＿＿。
  （5）A．任务管理是指管理操作系统内的所有文件
  　　　B．任务管理是指管理系统的各种资源，包括内存、CPU等
  　　　C．任务管理是嵌入式操作系统调度的最小单位，类似于进程或线程
  　　　D．任务管理不涉及资源分配
- 下列调度算法中，根据任务的截止时间来确定优先级的是＿＿＿（6）＿＿＿。
  （6）A．最早截止时间优先（Earliest Deadline First，EDF）算法
  　　　B．最低松弛度优先（Least Laxity First，LLF）算法

C．单调速率调度（Rate Monotonic Scheduling，RMS）算法
D．时间片轮转调度算法

- ___(7)___ 管理方法将用户程序分为多个逻辑段，在每个段里面又进行分页。
  (7) A．分区存储　　　B．分页存储　　　C．分段存储　　　D．段页存储
- 嵌入式操作系统中的共享内存通信方式的主要优点是 ___(8)___。
  (8) A．数据传输速度慢　　　　　　　B．实现复杂
  　　C．访问共享的数据结构直接且高效　D．只能在同一CPU内使用
- 目前广泛使用的嵌入式操作系统不包括___(9)___。
  (9) A．VxWorks　　B．Android　　C．iOS　　D．Windows XP
- 嵌入式数据库的主要优势是___(10)___。
  (10) A．高度可扩展性　　　　B．高度可移植性
  　　 C．多用户支持　　　　　D．复杂的存储过程支持
- ___(11)___ 数据库系统不属于嵌入式数据库。
  (11) A．SQLite　　　　　　　B．MySQL
  　　 C．Berkeley DB　　　　 D．Microsoft SQL Server
- 基于内存的数据库系统相较于传统磁盘存储的主要优势是___(12)___。
  (12) A．更低的数据安全性　　B．更高的读写速度
  　　 C．更大的数据存储容量　D．更多的操作系统支持
- SQLite的主要应用场景是___(13)___。
  (13) A．大型企业级数据库　　B．移动设备和嵌入式设备
  　　 C．云计算平台　　　　　D．数据仓库
- 嵌入式数据库系统的一个典型特征是___(14)___。
  (14) A．支持多用户并发访问　　　B．高度定制化和可剪裁性
  　　 C．复杂的存储过程和触发器支持　D．高级的事务管理功能
- 嵌入式中间件的主要作用是___(15)___。
  (15) A．管理操作系统的安全性　　B．提供硬件资源共享
  　　 C．屏蔽底层操作系统的异构性　D．支持多用户的分布式计算
- CORBA是一种用于嵌入式系统的___(16)___。
  (16) A．实时数据库系统　　　　B．通信协议
  　　 C．分布式对象中间件　　　D．事务处理监控器
- DDS的主要特点包括___(17)___。
  (17) A．支持多种底层物理通信协议和实时性强
  　　 B．仅支持发布/订阅模式和大型企业应用
  　　 C．完全依赖于CORBA的技术规范
  　　 D．只能在网络化和流媒体应用中使用

答案及解析

（1）**参考答案** C

试题解析 递归模式通过逐步求精的方法将复杂系统映射到设计架构中，并在每步求精细化时，进行系统可靠性和实时性的验证。

（2）**参考答案** C

试题解析 嵌入式操作系统与通用操作系统相比，具备可剪裁性、可移植性、强实时性等特性，但并不高资源占用，相反，嵌入式操作系统通常需要紧凑和精炼。

（3）**参考答案** C

试题解析 嵌入式操作系统需要支持实时性，尤其是面向控制和通信等领域的实时操作系统。

（4）**参考答案** C

试题解析 板级支持包（Board Support Package，BSP）的主要作用是驱动处理器外围芯片。

（5）**参考答案** C

试题解析 任务管理是嵌入式操作系统调度的最小单位，类似于进程或线程。

（6）**参考答案** A

试题解析 最早截止时间优先（Earliest Deadline First，EDF）算法是根据任务的截止时间来确定优先级。

（7）**参考答案** D

试题解析 段页存储将用户程序分为多个逻辑段，在每个段里面又进行分页。

（8）**参考答案** C

试题解析 共享内存通信方式的主要优点是访问共享的数据结构直接且高效。

（9）**参考答案** D

试题解析 Windows XP 是通用操作系统，而非嵌入式操作系统。

（10）**参考答案** B

试题解析 嵌入式数据库的高度可移植性使得它们能够轻松地集成到各种应用程序中，不受特定平台或操作系统的限制，从而提高了应用程序的灵活性和可部署性。

（11）**参考答案** D

试题解析 Microsoft SQL Server 是一个典型的客户端/服务器数据库系统，不适合嵌入式场景。相比之下，SQLite、MySQL 和 Berkeley DB 都可以作为嵌入式数据库使用。

（12）**参考答案** B

试题解析 基于内存的数据库系统将数据存储在内存中，因此具有更快的读写速度，适合对性能有较高要求的应用场景。

（13）**参考答案** B

试题解析 SQLite 作为一个轻量级的嵌入式数据库系统，特别适合用于移动设备和嵌入式系统中，因其占用资源少、易于集成和部署。

（14）**参考答案** B

试题解析 嵌入式数据库系统通常需要针对特定的应用场景进行定制化配置，以满足应用程序的需求，因此具有高度定制化和可剪裁性的特点。

（15）**参考答案** C

试题解析 嵌入式中间件的主要功能之一是通过提供统一的接口，屏蔽底层操作系统的异构性，使得嵌入式应用能够更加灵活和高效地开发和部署。

（16）**参考答案** C

试题解析 CORBA 是一种广泛用于分布式对象中间件，它为对象之间的通信和互操作提供了标准化的解决方案，适合在嵌入式系统中实现分布式计算环境。

（17）**参考答案** A

试题解析 DDS 是一种轻便的实时信息传输中间件，其特点包括灵活的发布/订阅模式、支持多种底层物理通信协议和实时性强，适用于各种分布式实时通信应用的需求。

16.3 嵌入式系统软件架构设计方法

- 基于架构的软件设计方法强调的是＿＿（1）＿＿。
  - （1）A．由业务、质量和功能需求的组合驱动软件架构设计
  - B．由功能需求单独驱动软件架构设计
  - C．由硬件需求驱动软件架构设计
  - D．由客户需求驱动软件架构设计
- 在属性驱动的软件设计方法中，质量场景不包括＿＿（2）＿＿部分。
  - （2）A．刺激源　　　B．环境　　　C．响应度量　　　D．质量评估
- ＿＿（3）＿＿不属于在属性驱动的软件设计（ADD）方法中的质量属性。
  - （3）A．可靠性　　　B．安全性　　　C．可修改性　　　D．功能性
- ＿＿（4）＿＿不是基于架构的软件设计（ABSD）方法的特点。
  - （4）A．自顶向下、递归细化
  - B．由业务、质量和功能需求驱动
  - C．强调在设计过程中使用软件架构模板
  - D．由硬件需求驱动

答案及解析

（1）**参考答案** A

试题解析 基于架构的软件设计（Architecture Based Software Design，ABSD）方法强调由业

务、质量和功能需求的组合驱动软件架构设计，是一个自顶向下，递归细化的软件开发方法。

（2）**参考答案** D

试题解析 在属性驱动的软件设计（Attribute Driven Design，ADD）方法中，质量场景包括刺激源、刺激、环境、制品、响应和响应度量，而不包括质量评估。

（3）**参考答案** D

试题解析 在属性驱动的软件设计（ADD）方法中，质量属性包括可靠性、安全性、可用性、可修改性、性能、可测试性、易用性和可维护性，功能性属于功能属性而不是质量属性。

（4）**参考答案** D

试题解析 基于架构的软件设计（ABSD）方法的特点包括自顶向下、递归细化，由业务、质量和功能需求驱动，并强调在设计过程中使用软件架构模板，而不是由硬件需求驱动。

第17章 通信系统架构设计理论与实践

17.1 通信系统概述

- ___（1）___方式不属于当前通信网络的接入方式。
  （1）A．光线千兆接入　　　　　　　B．无线 Wi-Fi 千兆接入
  　　　C．移动终端 5G 高速接入　　　　D．传统拨号上网
- 网络结构演变过程中，由简单独立的总线网络演化到___（2）___。
  （2）A．简单的星形网络　　　　　　B．复杂异构多层次结构
  　　　C．环形网络　　　　　　　　　D．树形网络
- 移动通信多样化应用的迅猛发展催生了___（3）___。
  （3）A．物理设备形态网元
  　　　B．可灵活定制、便捷部署的 5G 网络功能元素
  　　　C．传统的 3G 网络功能元素
  　　　D．专用硬件设备

答案及解析

（1）**参考答案 D**
试题解析　当前的网络接入方式包括光线千兆接入、无线 Wi-Fi 千兆接入、移动终端 5G 高速接入，而传统拨号上网已经不再是主要的接入方式。

（2）**参考答案 B**
试题解析　网络结构由原来的简单独立的总线网络演化到复杂异构多层次结构。

(3) **参考答案** B

试题解析 移动通信多样化应用的迅猛发展催生了基于虚拟化、服务化架构的可灵活定制、便捷部署的 5G 网络功能元素。

17.2 通信系统网络架构

- 关于局域网网络架构中的单核心架构的特点，以下表述中___(1)___是正确的。

  (1) A．核心交换设备和接入设备之间采用无线连接

  B．核心交换设备通常采用二层交换机

  C．核心交换设备和接入设备之间可采用 100M/GE/10GE 等以太网连接

  D．单核心架构不适合构建小规模网络

- 双核心架构局域网的主要优点是___(2)___。

  (2) A．设备投资低

  B．网络拓扑结构复杂

  C．核心交换设备具备保护能力，网络拓扑结构可靠

  D．接入交换设备提供三层转发功能

- 环形局域网的核心交换设备之间采用的连接形式是___(3)___。

  (3) A．单向光纤连接　　　　　　　B．双向光纤连接

  C．无线连接　　　　　　　　　D．电缆连接

- 层次局域网中汇聚层设备的主要功能是___(4)___。

  (4) A．提供高速数据转发功能

  B．提供充足接口与接入层之间实现互访控制

  C．直接连接用户设备

  D．仅实现二层数据链路转发

- 单核心广域网的主要缺点是___(5)___。

  (5) A．网络结构复杂

  B．设备投资高

  C．核心路由设备存在单点故障，容易导致整网失效

  D．网络扩展能力强

- 双核心广域网的主要优势是___(6)___。

  (6) A．网络结构简单

  B．投资成本低

  C．路由层面可实现热切换，提供业务连续性访问能力

  D．对核心路由设备端口密度要求低

- 环形广域网的主要特征是___(7)___。
  - (7) A. 仅核心路由设备具备路由功能
    - B. 各局域网之间通过核心路由设备构成的环实现访问
    - C. 路由设备与各局域网之间采用无线连接
    - D. 核心路由设备之间不具备保护机制

答案及解析

（1）**参考答案 C**
试题解析 单核心局域网的核心交换设备和接入设备之间可采用100M/GE/10GE等以太网连接，这样可以实现高效的数据传输和网络连接。

（2）**参考答案 C**
试题解析 双核心局域网的核心交换设备具备保护能力，能够提供可靠的网络拓扑结构，这样可以实现业务路由转发上的热切换，增强网络的可靠性。

（3）**参考答案 B**
试题解析 环形局域网的核心交换设备通过两根反向光纤组成环形拓扑结构，实现双向连接，提供高可靠性和带宽利用率。

（4）**参考答案 B**
试题解析 在层次局域网中，汇聚层设备的主要功能是提供充足接口，并与接入层之间实现互访控制，减轻核心交换设备的转发压力。

（5）**参考答案 C**
试题解析 单核心广域网的主要缺点是核心路由设备存在单点故障，容易导致整网失效，限制了网络的扩展能力和可靠性。

（6）**参考答案 C**
试题解析 双核心广域网的主要优势在于其路由层面可实现热切换，提供业务的连续性访问能力，提高了网络的可靠性。

（7）**参考答案 B**
试题解析 环形广域网的主要特征是各局域网之间通过核心路由设备构成的环实现访问，这种结构提高了网络的可靠性和访问效率。

17.3 网络构建关键技术

- 网络高可用性主要通过___(1)___两个方面来衡量。
  - (1) A. 网络设备质量和网络协议稳定性　　B. 网络设备故障次数和故障恢复时间
    - C. 网络设备的硬件设计和软件更新　　D. 网络拓扑结构和路由协议选择

- 在提高网络可用性的方法中，___(2)___方法主要依赖于硬件设计。
  - （2）A. 软件热补丁设计　　　　　　B. 业务节点热插拔设计
  　　　C. 数据冗余备份　　　　　　　D. 路由协议优化
- 在 IPv4 与 IPv6 融合组网技术中，___(3)___技术通过将 IPv4 地址嵌入到 IPv6 地址中实现隧道传送。
  - （3）A. 双协议栈　　　　　　　　　B. ISATAP 隧道
  　　　C. 6to4 隧道　　　　　　　　　D. NAT-PT

答案及解析

（1）参考答案 B

试题解析　网络高可用性主要通过故障次数和故障恢复时间来衡量。频繁的故障和长时间的恢复都会影响网络的可用性，因此减少故障次数和缩短故障恢复时间是关键。

（2）参考答案 B

试题解析　业务节点热插拔设计属于硬件高可用性设计的一部分，能够在不影响系统运行的情况下进行硬件更换或升级，确保网络的高可用性。

（3）参考答案 B

试题解析　ISATAP 隧道通过将 IPv4 地址嵌入到 IPv6 地址中，实现 IPv6 数据包在 IPv4 网络上的传输。

17.4　网络构建和设计方法

- 网络需求分析的首要步骤是明确客户使用网络的真实用途或痛点，这一步骤的主要目的是___(1)___。
  - （1）A. 提供更好的网络性能　　　　　B. 提供更高的网络安全性
  　　　C. 提供更贴近用户的网络交互功能　D. 提供更低的网络成本
- 在网络需求分析中，___(2)___方面的需求梳理主要涉及调查和理解业务本质。
  - （2）A. 用户需求　　　　　　　　　B. 业务需求
  　　　C. 应用需求　　　　　　　　　D. 计算机平台需求
- 网络需求分析的最后一项工作是考虑___(3)___。
  - （3）A. 用户需求　　　　　　　　　B. 业务需求
  　　　C. 应用需求　　　　　　　　　D. 网络需求
- 在局域网技术遴选中，为了避免环路形成，需要在二层交换机上采用___(4)___协议。
  - （4）A. 虚拟局域网（VLAN）　　　　B. 无线局域网
  　　　C. 生成树协议（STP）　　　　　D. 线路冗余设计

- 构建虚拟局域网的主要目的是___（5）___。

  （5）A．提升网络性能　　　　　　　B．提升网络安全性

  　　　C．实现信息访问的隔离　　　　D．降低网络成本

- 提高网络可用性的两个途径中，___（6）___是错误的。

  （6）A．提高网络可靠性　　　　　　B．缩短网络恢复时间

  　　　C．增加网络硬件设备数量　　　D．提高软件质量

- 关于层次化网络模型设计，___（7）___是正确的。

  （7）A．核心层负责连接用户设备

  　　　B．接入层提供高速连接和最优传送路径

  　　　C．核心层提供对接入层流量的控制功能

  　　　D．汇聚层将网络业务连接到接入层

- 在三层层次化模型设计中，接入层的主要功能是___（8）___。

  （8）A．提供高速连接和最优传送路径

  　　　B．提供局域网接入广域网的能力

  　　　C．控制核心层流量

  　　　D．提供数据包过滤功能

- 网络安全隔离不包括___（9）___形式。

  （9）A．VLAN隔离　　　　　　　　　B．逻辑隔离

  　　　C．物理隔离　　　　　　　　　D．路由隔离

- ___（10）___不是提高网络可用性的核心思想。

  （10）A．合理设计组网结构　　　　　B．使用高级别的加密技术

  　　　　C．具备冗余备份和自动检测机制　D．快速恢复机制

答案及解析

（1）**参考答案 C**

试题解析　网络需求分析的目的是明确客户使用网络的真实用途或痛点，以便后续能够构建和设计出更贴近客户真实诉求的网络。因此，提供更贴近用户的网络交互功能是主要目标。

（2）**参考答案 B**

试题解析　业务需求梳理主要是调查和理解业务本质，确保设计的网络能够满足业务需求。

（3）**参考答案 D**

试题解析　网络需求是需求分析的最后一项工作，主要涉及局域网功能、网络拓扑结构、网络性能、网络管理、网络安全等。

（4）**参考答案 C**

试题解析　生成树协议（Spanning Tree Protocol，STP）是在二层交换机上用于避免环路形成

的协议。

(5) **参考答案** C

试题解析 虚拟局域网（Virtual Local Area Network，VLAN）可以将一个物理网络划分成若干个相互隔离的逻辑网络，实现信息访问的隔离。

(6) **参考答案** C

试题解析 提高网络可用性的途径包括提高网络可靠性和缩短网络恢复时间，而增加网络硬件设备数量与提高软件的质量并不能直接提高网络的可用性。

(7) **参考答案** D

试题解析 汇聚层将网络业务连接到接入层，执行与安全、流量负载、路由相关的策略。

(8) **参考答案** B

试题解析 接入层为局域网接入广域网，或终端用户访问网络提供接入能力。

(9) **参考答案** D

试题解析 网络安全隔离包括 VLAN 隔离、逻辑隔离和物理隔离，但不包括路由隔离。

(10) **参考答案** B

试题解析 提高网络可用性的核心思想包括合理设计组网结构、具备冗余备份和自动检测机制以及快速恢复机制。使用高级别的加密技术主要是提高网络安全性，而不是直接提高网络的可用性。

第18章 安全架构设计理论与实践

18.1 安全架构概述

- 在信息系统安全威胁中，___(1)___是指在传输线路上安装窃听装置或对通信链路进行干扰。
  - (1) A．物理安全威胁
  -      B．通信链路安全威胁
  -      C．网络安全威胁
  -      D．操作系统安全威胁
- 安全架构设计的根本目标是___(2)___。
  - (2) A．提高系统性能
  -      B．减少成本
  -      C．形成提升信息系统安全性的安全方案
  -      D．提高用户满意度
- 信息系统安全威胁中，___(3)___是指对网络服务或用户业务系统安全的威胁。
  - (3) A．应用系统安全威胁   B．网络安全威胁
  -      C．通信链路安全威胁   D．物理安全威胁
- 下列关于安全架构特性的描述，正确的是___(4)___。
  - (4) A．可用性是指系统的数据和资源在未经授权的情况下被修改
  -      B．完整性是指系统的数据和资源丢失
  -      C．机密性是指系统的数据和资源在未授权的情况下被披露
  -      D．可用性是指系统的数据和资源在未授权的情况下被披露

答案及解析

（1）**参考答案 B**

试题解析 通信链路安全威胁是指在传输线路上安装窃听装置或对通信链路进行干扰，造成信息泄露或中断。

（2）**参考答案 C**

试题解析 安全架构设计的根本目标是在识别系统可能会遇到的安全威胁后，通过实施相应控制措施，提出有效合理的安全技术，形成提升信息系统安全性的安全方案。

（3）**参考答案 A**

试题解析 应用系统安全威胁是指对网络服务或用户业务系统安全的威胁，可能涉及木马和陷阱门等攻击手段。

（4）**参考答案 C**

试题解析 机密性是指系统的数据和资源在未授权的情况下被披露；可用性是指防止系统的数据和资源丢失；完整性是指防止系统的数据和资源在未经授权的情况下被修改。

18.2 安全模型

- 安全模型准确描述了安全的重要方面及其与系统行为的关系。下列关于安全模型的描述正确的是___（1）___。

  （1）A．安全模型是从安全角度为系统整体和构成它的组件提出基本的目标

  B．安全模型提供了实现目标应该做什么、不应该做什么的指导

  C．安全模型勾画出安全目标，是宽泛、模糊而抽象的

  D．安全模型是系统集成后评估它的基准

- 下列___（2）___是 Bell-LaPadula 模型的星属性安全规则（Star Security Property）。

  （2）A．安全级别低的主体不能读安全级别高的客体（No Read Up）

  B．安全级别高的主体不能往低级别的客体写（No Write Down）

  C．不允许对另一级别进行读写

  D．使用访问控制矩阵来定义说明自由存取控制

- Biba 模型的星完整性规则（*-integrity Axiom）是指___（3）___。

  （3）A．完整性级别低的主体不能对完整性级别高的客体写数据

  B．完整性级别高的主体不能从完整性级别低的客体读取数据

  C．一个完整性级别低的主体不能从级别高的客体调用程序或服务

  D．完整性级别低的主体可以对完整性级别高的客体写数据

- 在 Clark-Wilson 模型中，需要进行完整性保护的客体称为___(4)___。
  （4）A．UDI　　　　B．CDI　　　　C．TP　　　　D．IVP
- Chinese Wall 模型中的主要安全策略是为了防止___(5)___事件。
  （5）A．非法访问　　B．信息泄露　　C．利益冲突　　D．病毒攻击

答案及解析

（1）**参考答案** B

试题解析　安全模型提供了实现目标应该做什么、不应该做什么，具有实践指导意义。安全策略是从安全角度为系统整体和构成它的组件提出基本的目标，是一个系统的基础规范，是系统集成后评估它的基准。安全策略勾画出的安全目标，是宽泛、模糊而抽象的。

（2）**参考答案** B

试题解析　Bell-LaPadula 模型的星属性安全规则（Star Security Property）规定，安全级别高的主体不能往低级别的客体写（No Write Down）。简单安全规则（Simple Security Rule）规定，安全级别低的主体不能读安全级别高的客体（No Read Up）。

（3）**参考答案** A

试题解析　Biba 模型的星完整性规则（*-integrity Axiom）表示完整性级别低的主体不能对完整性级别高的客体写数据。简单完整性规则（Simple Integrity Axiom）表示完整性级别高的主体不能从完整性级别低的客体读取数据。

（4）**参考答案** B

试题解析　在 Clark-Wilson 模型中，需要进行完整性保护的客体称为受约束的数据项（Constrained Data Item，CDI），不需要进行完整性保护的客体称为无约束数据项（Unconstrained Data Item，UDI）。完整性验证过程（Integrity Verification Procedure，IVP）确认限制数据项处于有效状态，转换过程（Transformation Procedure，TP）将数据项从一种有效状态改变至另一种有效状态。

（5）**参考答案** C

试题解析　Chinese Wall 模型（又称 Brewer and Nash 模型）是应用在多边安全系统中的安全模型，主要是为了防止利益冲突。该模型通过行政规定和划分、内部监控、IT 系统等手段防止各部门之间出现有损客户利益的利益冲突事件。

18.3　系统安全体系架构规划框架

- 安全技术体系架构是对组织机构信息技术系统的安全体系结构的整体描述。安全技术体系架构框架的建立基础是___(1)___。
  （1）A．信息技术的快速发展　　　B．组织机构的风险评估结果
  　　　C．网络的安全评估　　　　　D．技术体系构架的标准

- 在信息系统安全规划中，不属于物理安全的内容的是___(2)___。
  (2) A. 环境设备安全　　　　　　　　B. 信息设备安全
  　　C. 网络设备安全　　　　　　　　D. 应用软件安全
- 信息系统安全规划依托企业信息化战略规划的主要目标是___(3)___。
  (3) A. 提高网络设备的安全性　　　　B. 保证企业信息化战略的实施
  　　C. 增强操作系统的稳定性　　　　D. 改善信息资源的利用效率
- 在信息系统安全规划的内容中，不包含___(4)___。
  (4) A. 确定信息系统安全的任务　　　B. 制定物理安全规划
  　　C. 确定企业的信息化蓝图　　　　D. 制定人员安全规划

答案及解析

（1）**参考答案 B**

试题解析　安全技术体系架构框架是根据组织机构的策略要求和风险评估的结果，参考相关技术体系构架的标准和最佳实践，结合组织机构信息技术系统的具体现状和需求，建立的信息技术系统整体体系框架。

（2）**参考答案 D**

试题解析　物理安全包括环境设备安全、信息设备安全、网络设备安全、信息资产设备的物理分布安全等。应用软件安全属于系统安全的内容。

（3）**参考答案 B**

试题解析　信息系统安全规划依托企业信息化战略规划，对信息化战略的实施起到保驾护航的作用。信息系统安全规划的目标应该与企业信息化的目标一致，保证企业信息化战略的实施。

（4）**参考答案 C**

试题解析　信息系统安全规划的内容包括确定信息系统安全的任务、目标、战略以及战略部门和战略人员，并制定出物理安全、网络安全、系统安全、运营安全、人员安全的信息系统安全总体规划。信息化蓝图属于企业信息化战略规划的内容。

18.4　信息安全整体架构设计（WPDRRC 模型）

- WPDRRC 信息安全体系模型是我国"八六三"信息安全专家组提出的适合中国国情的信息系统安全保障体系建设模型。该模型在 PDRR 模型的基础上前后增加了___(1)___功能。
  (1) A. 检测和响应　　B. 恢复和反击　　C. 预警和反击　　D. 保护和检测
- 在 WPDRRC 模型中，反击环节主要是指采用一切可能的高新技术手段，侦察、提取计算机犯罪分子的作案线索与犯罪证据。___(2)___不属于反击环节的主要内容。
  (2) A. 侦察　　　　　B. 提取证据　　　C. 提供解决方案　　D. 形成取证能力

- 信息安全体系架构设计的重点包括两个方面，其中不包括___(3)___。
  - (3) A．系统安全保障体系　　　　　　B．信息安全体系架构
    C．网络安全防护　　　　　　　　D．安全区域策略
- 在 WPDRRC 模型的六个环节中，___(4)___环节主要通过入侵检测、恶意代码过滤等技术来发现新的威胁和弱点。
  - (4) A．预警　　　　B．保护　　　　C．检测　　　　D．恢复
- 系统安全保障体系设计工作主要考虑的项目是___(5)___。
  - (5) A．制定统一的安全策略　　　　　B．加强员工的安全防范意识
    C．实施检查安全措施与审计　　　D．采用最新的安全技术
- 在信息安全体系架构设计中，网络安全是整个安全解决方案的关键。___(6)___不属于网络安全的主要内容。
  - (6) A．访问控制　　B．通信保密　　C．信息存储　　D．防病毒
- 在 WPDRRC 模型中，人员是核心，策略是桥梁，技术是保证。___(7)___不属于技术的内容。
  - (7) A．加密机制　　　　　　　　　　B．数字签名机制
    C．策略制定　　　　　　　　　　D．访问控制机制

答案及解析

（1）**参考答案 C**

试题解析　WPDRRC 模型基于 PDRR 模型增加了预警（Waring）和反击（Counterattack）功能。这些功能增强了信息系统安全的防护能力，使其能够更好地适应中国的网络安全需求。

（2）**参考答案 C**

试题解析　反击环节主要是通过侦察、提取证据和形成取证能力来对抗计算机犯罪分子，而提供解决方案属于预警环节的内容。

（3）**参考答案 C**

试题解析　信息安全体系架构设计的重点包括系统安全保障体系和信息安全体系架构。网络安全防护是信息安全体系架构设计中的一个具体方面，而不是设计的重点。安全区域策略属于系统安全保障体系的内容。

（4）**参考答案 C**

试题解析　检测环节通过入侵检测、恶意代码过滤等技术来发现新的威胁和弱点，强制执行安全策略，提高检测的实时性。

（5）**参考答案 A**

试题解析　系统安全保障体系设计工作主要包括确定安全区域策略、统一配置和管理防病毒系统、网络安全管理等。制定统一的安全策略是其中的重要内容，而加强员工的安全防范意识和实施检查安全措施与审计是安全管理中的具体措施。

(6) **参考答案** C

试题解析 网络安全主要包括访问控制、通信保密、入侵检测、网络安全扫描系统和防病毒等内容。信息存储属于应用安全的内容。

(7) **参考答案** C

试题解析 在WPDRRC模型中，技术的内容包括加密机制、数字签名机制、访问控制机制等。策略制定属于策略的内容，而不是技术的内容。

18.5 网络安全体系架构设计

- OSI安全体系架构的核心内容之一是定义了该系统的几大类安全服务，以及提供这些服务的几类安全机制。这几类安全服务是___(1)___。

  (1) A．3大类安全服务和5类安全机制　　B．5大类安全服务和8类安全机制
  　　C．7大类安全服务和6类安全机制　　D．4大类安全服务和9类安全机制

- OSI安全体系结构的目的之一是___(2)___。

  (2) A．提供应用层的安全服务　　　　　B．建立起一些指导原则与约束条件
  　　C．仅在网络层上提供安全服务　　　D．只关注物理层的安全问题

- 在分层多点安全技术体系架构中，不包括___(3)___方式。

  (3) A．多点技术防御　　　　　　　　　B．分层技术防御
  　　C．支撑性基础设施　　　　　　　　D．单层技术防御

- 在OSI安全体系架构中，最适合配置安全服务的层次不包括___(4)___。

  (4) A．物理层　　　B．网络层　　　C．会话层　　　D．运输层

- ___(5)___不是机密性机制的一部分。

  (5) A．加密机制　　B．数据填充　　C．路由选择控制　　D．密钥分发

答案及解析

(1) **参考答案** B

试题解析 OSI安全体系结构定义了5大类安全服务，包括鉴别、访问控制、数据机密性、数据完整性和抗抵赖性，并提供了8类安全机制来实现这些服务。

(2) **参考答案** B

试题解析 OSI的安全体系结构在参考模型的框架内，建立起一些指导原则与约束条件，从而提供了解决开放互联系统中安全问题的一致性方法。

(3) **参考答案** D

试题解析 分层多点安全技术体系架构通过多点技术防御、分层技术防御和支撑性基础设施三种方式，将防御能力分布至整个信息系统中。

（4）**参考答案** C

试题解析 OSI 定义了 7 层协议，其中除第 5 层（会话层）外，每一层均能提供相应的安全服务。实际最适合配置安全服务的是在物理层、网络层、运输层及应用层上，其他层都不宜配置安全服务。

（5）**参考答案** D

试题解析 机密性机制包括通过禁止访问、通过加密、通过数据填充、通过虚假事件、通过保护 PDU 头和通过时间可变域提供机密性。密钥分发是属于认证或加密过程的一部分，而不是机密性机制本身。路由选择控制在网络中主要实现的是数据传输路径的优化和选择，它并不直接保护数据的机密性，但可以通过选择更安全、更可靠的传输路径来间接提高网络的安全性。

18.6 数据库系统的安全设计

- 数据库安全设计的评估标准中，1985 年美国国防部颁布的可信计算机系统评估标准（Trusted Computer System Evaluation Criteria，TCSEC）被简称为___（1）___。
  （1）A．蓝皮书　　　　B．红皮书　　　　C．橘皮书　　　　D．绿皮书
- 数据库系统的安全策略一般不包括的项目是___（2）___。
  （2）A．用户管理　　　B．存取控制　　　C．数据加密　　　D．数据备份
- TCSEC 将安全系统划分的类别和等级是___（3）___。
  （3）A．3 大类 5 个等级　　　　　　　B．4 大类 7 个等级
  　　　C．5 大类 8 个等级　　　　　　　D．6 大类 10 个等级
- 数据库完整性设计的基本原则中，下列正确的项目是___（4）___。
  （4）A．动态约束应尽量包含在数据库模式中
  　　　B．触发器应尽量多使用，以便提高系统性能
  　　　C．静态约束应尽量包含在数据库模式中
  　　　D．在需求分析阶段不需要考虑完整性约束的命名规范
- 下列不属于数据库完整性设计原则的是___（5）___。
  （5）A．根据数据库完整性约束的类型确定其实现的系统层次和方式
  　　　B．慎用触发器功能，尽量避免多级触发
  　　　C．在需求分析阶段制定完整性约束的命名规范
  　　　D．触发器应尽量多用，以提高数据处理的实时性
- 下列不属于通过 DBMS 实现的完整性约束类型是___（6）___。
  （6）A．非空约束　　　B．唯一码约束　　C．主键约束　　　D．数据加密
- 在数据库完整性设计示例中，需要确定系统模型中应该包含的对象和业务规则的阶段是___（7）___。
  （7）A．概念结构设计阶段　　　　　　B．需求分析阶段
  　　　C．逻辑结构设计阶段　　　　　　D．系统实施阶段

- 在数据库完整性约束中，关系级动态约束可以通过___（8）___来实现。
  - （8）A．非空约束 B．唯一码约束
  - C．调用包含事务的存储过程 D．引用完整性约束
- ___（9）___通常由应用软件来实现。
  - （9）A．列级静态约束 B．元组级静态约束
  - C．关系级静态约束 D．动态约束
- 数据库完整性的作用不包括___（10）___。
  - （10）A．防止合法用户向数据库中添加不合语义的数据
  - B．降低应用程序的复杂性
  - C．提高数据装载的效率
  - D．增加数据库的物理存储空间

答案及解析

（1）**参考答案 C**

试题解析 1985 年美国国防部颁布的可信计算机系统评估标准（Trusted Computer System Evaluation Criteria，TCSEC）被简称为橘皮书（DoD85）。

（2）**参考答案 D**

试题解析 数据库系统的安全策略一般包括用户管理、存取控制、数据加密、审计跟踪和攻击检测，数据备份不在其中。

（3）**参考答案 B**

试题解析 在 TCSEC 中，将安全系统分为 4 大类 7 个等级。

（4）**参考答案 C**

试题解析 在数据库完整性设计中，静态约束应尽量包含在数据库模式中，而动态约束由应用程序实现。

（5）**参考答案 D**

试题解析 数据库完整性设计的原则包括慎用触发器功能，尽量避免多级触发，而不是尽量多用触发器。

（6）**参考答案 D**

试题解析 非空约束、唯一码约束和主键约束都是通过 DBMS 实现的完整性约束类型，而数据加密不属于完整性约束类型。

（7）**参考答案 B**

试题解析 在需求分析阶段，需要确定系统模型中应该包含的对象和业务规则。

（8）**参考答案 C**

试题解析 关系级动态约束可以通过调用包含事务的存储过程来实现。

（9）**参考答案** D

试题解析 动态约束通常由应用软件来实现。

（10）**参考答案** D

试题解析 数据库完整性的作用包括防止合法用户向数据库中添加不合语义的数据、降低应用程序的复杂性和提高数据装载的效率，但不包括增加数据库的物理存储空间。

18.7 系统架构的脆弱性分析

- 下列对软件脆弱性定义的理解中，不正确的是___（1）___。
  - （1）A．软件脆弱性是指由软件缺陷的客观存在所形成的一个可以被攻击者利用的实例
    - B．每个软件脆弱性都由至少一个软件缺陷引起
    - C．所有的软件缺陷都会产生脆弱性
    - D．软件脆弱性是破坏系统安全策略、系统安全规范、系统设计、实现和内部控制等方面的主要原因
- 分层架构的脆弱性主要表现在___（2）___。
  - （2）A．层间的脆弱性　　　　　　　　B．层内的脆弱性
    - C．层与层之间没有通信机制　　　　D．层次结构过于复杂
- C/S 架构的脆弱性主要表现在___（3）___。
  - （3）A．客户端软件的脆弱性　　　　　B．服务器配置的复杂性
    - C．用户界面的设计不合理　　　　　D．网络带宽的限制
- 下列关于软件脆弱性的生命周期的描述，正确的是___（4）___。
  - （4）A．脆弱性一旦修补就不会再出现
    - B．软件脆弱性不存在生命周期的概念
    - C．脆弱性从引入到修补再到消失都可能经历多个阶段
    - D．脆弱性仅在软件开发阶段出现
- 软件脆弱性分析的目的是___（5）___。
  - （5）A．确定软件开发的时间
    - B．发现软件的潜在脆弱性并采取措施避免安全问题
    - C．提高软件的用户体验
    - D．增加软件功能模块的数量
- B/S 架构相较于 C/S 架构的主要脆弱性是___（6）___。
  - （6）A．系统需要安装专用的软件　　　B．客户端需要频繁更新
    - C．更容易被病毒入侵　　　　　　　D．数据不集中存放
- 事件驱动架构的脆弱性包括___（7）___。
  - （7）A．程序运行速度较慢　　　　　　B．用户界面不友好

C. 组件间逻辑关系复杂　　　　　　D. 无法实现动态功能
- 下列关于 MVC 架构的描述，不正确的是___（8）___。

（8）A. MVC 架构增加了系统结构和实现的复杂性
　　　B. 视图与控制器是紧密联系的部件
　　　C. MVC 架构简化了系统的更新和维护
　　　D. 视图与模型之间的交互依赖控制器

答案及解析

（1）**参考答案** C

试题解析　软件脆弱性是由软件缺陷的客观存在所形成的一个可以被攻击者利用的实例，每个软件脆弱性都由至少一个软件缺陷引起，但并不是所有的软件缺陷都会产生脆弱性，且软件脆弱性通常是破坏系统安全策略、系统安全规范、系统设计、实现和内部控制等方面的主要原因。

（2）**参考答案** A

试题解析　分层架构的脆弱性主要表现在层间的脆弱性和层间通信的脆弱性。一旦某个底层发生错误，整个程序将无法正常运行，并且层与层之间引入的通信机制可能导致性能下降等问题。

（3）**参考答案** A

试题解析　C/S 架构的脆弱性主要表现在客户端软件的脆弱性、网络开放性的脆弱性以及网络协议的脆弱性。由于客户端软件可能被分析和数据截取，使系统面临安全隐患。

（4）**参考答案** C

试题解析　软件脆弱性存在生命周期，脆弱性从引入到产生破坏效果，再到被修补和最终消失都可能经历多个阶段。

（5）**参考答案** B

试题解析　软件脆弱性分析是为了发现软件的潜在脆弱性，采取相应措施避免这些脆弱性转化为安全问题，从而提高软件的安全性。

（6）**参考答案** C

试题解析　B/S 架构的主要脆弱性在于使用 HTTP 协议，使其相较于 C/S 架构更容易被病毒入侵，尽管最新的 HTTP 协议在安全性方面有所提升，但仍然相对较弱。

（7）**参考答案** C

试题解析　事件驱动架构的脆弱性包括组件的脆弱性、组件间交换数据的脆弱性、组件间逻辑关系的复杂性、高并发的脆弱性等。其中，组件间的复杂逻辑关系是主要的脆弱性之一。

（8）**参考答案** C

试题解析　虽然 MVC 架构的优点之一是分离了模型、视图和控制器，但它也增加了系统结构和实现的复杂性，视图与控制器之间紧密联系且依赖控制器来进行视图与模型之间的交互。因此，MVC 架构并不一定简化系统的更新和维护。

第19章 大数据架构设计理论与实践

19.1 大数据处理系统架构分析

- 在大数据系统中，系统的___(1)___是确保系统能在遇到机器和人为错误时仍能正常运行的关键属性。

  （1）A．可调试性　　　　　　　　B．低延迟读取和更新能力
  　　　C．鲁棒性和容错性　　　　　D．横向扩容

- 在大数据系统中，如何将结构化数据与半结构化、非结构化数据之间进行转换，是大数据知识发现的前提和关键。这种转换的目标是为了支持大数据的___(2)___。

  （2）A．系统建模　　B．交叉工业应用　　C．数据挖掘　　D．管理决策

- 在大数据系统的特征中，系统需要通过增加更多的机器资源来维持性能，这种特性被称为___(3)___。

  （3）A．低延迟读取和更新能力　　　B．通用性
  　　　C．延展性　　　　　　　　　　D．横向扩容

- 研究大数据对管理决策结构的影响会成为一个重要的科研课题。在大数据环境下，管理决策面临的两个"异构性"问题是___(4)___和___(5)___。

  （4）A．数据异构性　　B．信息异构性　　C．知识异构性　　D．系统异构性
  （5）A．信息异构性　　B．决策异构性　　C．知识异构性　　D．系统异构性

答案及解析

（1）**参考答案** C

试题解析 对大规模分布式系统来说，机器和人为操作都可能出错，系统必须具有鲁棒性和容

错性，能够从错误中快速恢复。

(2) **参考答案 B**

试题解析 从短期来看，学术界鼓励发展一种一般性的结构化数据和半结构化、非结构化数据之间的转换原则，以支持大数据的交叉工业应用。

(3) **参考答案 D**

试题解析 横向扩容指当数据量/负载增大时，通过增加更多的机器资源来维持性能，是线性可扩展的一种实现方式。

(4)(5) **参考答案 A B**

试题解析 在大数据环境下，管理决策面临着"数据异构性"和"决策异构性"两个问题。传统的管理决策模式依赖于数据分析和业务知识的积累。

19.2 Lambda 架构

- Lambda 架构中，负责管理主数据集和生成批处理视图（Batch View）的层次是___(1)___。
    - (1) A. 批处理层（Batch Layer） B. 加速层（Speed Layer）
    - C. 服务层（Serving Layer） D. 数据源（Data Source）
- 在 Lambda 架构中，___(2)___主要处理最近的增量数据流。
    - (2) A. 批处理层 B. 加速层 C. 服务层 D. 数据源
- 在 Lambda 架构中，数据集必须满足的属性不包括___(3)___。
    - (3) A. 数据是原始的 B. 数据是可变的
    - C. 数据是不可变的 D. 数据永远是真实的
- 与 Lambda 架构的设计思想有一定程度的相似性的架构模式是___(4)___。
    - (4) A. 分布式文件系统（Distributed File System）
    - B. 事件溯源（Event Sourcing）
    - C. 集群计算（Cluster Computing）
    - D. 服务网格（Service Mesh）
- 在 Lambda 架构中，通过将批处理视图（Batch View）和实时视图（Real-time View）中的结果数据集合并到最终数据集的层次是___(5)___。
    - (5) A. 批处理层 B. 加速层 C. 服务层 D. 数据源

答案及解析

(1) **参考答案 A**

试题解析 批处理层（Batch Layer）有两个核心功能：存储数据集和生成 Batch View。该层负责管理主数据集，并在数据集上预先计算查询函数，构建查询所对应的 View。

（2）**参考答案** B

试题解析 加速层（Speed Layer）处理的是最近的增量数据流，并不断更新实时视图（Real-time View），相比于批处理层处理全体数据集，它更适合实时数据的处理需求。

（3）**参考答案** B

试题解析 Lambda 架构的主数据集必须满足三个属性：数据是原始的、数据是不可变的、数据永远是真实的。因此，B 选项"数据是可变的"不符合要求。

（4）**参考答案** B

试题解析 Lambda 架构与事件溯源（Event Sourcing）架构模式的设计思想有一定程度的相似性。两者都使用统一的数据模型对数据处理事件进行定义，确保在发生错误时能通过重新计算恢复系统的正确状态。

（5）**参考答案** C

试题解析 服务层（Serving Layer）用于合并批处理视图（Batch View）和实时视图（Real-time View）中的结果数据集到最终的数据集，并提供低延迟访问。

19.3 Kappa 架构

- 数据系统的组成部分是数据和查询，其中 When 指的是数据与时间相关，What 指的是数据本身。关于 What 的特性，正确的选项是___（1）___。

    （1）A．数据可以随时更改　　　　　　B．数据是不可变的

    　　　C．数据可以删除但不能更新　　　D．数据是连续的

- 在分布式系统中，数据的时间特性尤其重要，___（2）___最能说明这一点。

    （2）A．数据可以在任意时间产生　　　B．时间决定了数据发生的全局先后顺序

    　　　C．数据库中的数据无序　　　　　D．数据不需要考虑时间顺序

- Kappa 架构由___（3）___提出，并且其最核心的特点是___（3）___。

    （3）A．Jay Kreps，Kappa 只通过流计算一条数据链路计算并产生视图

    　　　B．Jay Kreps，Kappa 同时支持批处理和流计算

    　　　C．Michael Stonebraker，Kappa 只通过批处理一条数据链路计算并产生视图

    　　　D．Michael Stonebraker，Kappa 同时支持批处理和流计算

- Kappa 架构的一个显著优点是___（4）___。

    （4）A．解决了数据写入和计算逻辑的复杂问题

    　　　B．可以无视消息中间件缓存的数据量

    　　　C．永远避免数据丢失

    　　　D．完全替代 Lambda 架构

- Kappa 架构与 Lambda 架构的主要区别在于___（5）___。

    （5）A．Kappa 完全替代 Lambda

B. Kappa 支持批处理，而 Lambda 只支持流处理
C. Kappa 不支持批处理，更擅长增量数据写入场景的分析需求
D. Lambda 不能处理实时数据

- 在选择架构时，更适合选择 Kappa 架构的情况是____（6）____。
（6）A. 需要频繁修改算法模型参数　　B. 依赖 Hadoop 进行批处理
　　　C. 项目中需要大规模历史数据处理　D. 需要分离批处理层和速度层

答案及解析

（1）**参考答案** B

试题解析 What 指的是数据本身，由于数据跟某个时间点相关，所以数据是不可变的，过往的数据已经成为事实，你不可能回到过去的某个时间点去改变数据事实。

（2）**参考答案** B

试题解析 在分布式系统中，数据可能产生于不同的系统中，时间决定了数据发生的全局先后顺序，这一点对于确保数据操作的正确性尤其重要。

（3）**参考答案** A

试题解析 Kappa 架构由 Jay Kreps 提出，不同于 Lambda 同时计算流计算和批计算并合并视图，Kappa 只会通过流计算一条数据链路计算并产生视图。

（4）**参考答案** A

试题解析 Kappa 方案通过精简链路解决了数据写入和计算逻辑复杂的问题，但依然没有解决存储和展示的问题。

（5）**参考答案** C

试题解析 Kappa 不是 Lambda 的替代架构，而是其简化版本，Kappa 放弃了对批处理的支持，更擅长业务本身为增量数据写入场景的分析需求。

（6）**参考答案** A

试题解析 如果项目中需要频繁地对算法模型参数进行修改，Kappa 架构只需要维护一套系统，开发维护相对较简单方便。

19.4　Lambda 架构与 Kappa 架构的对比和设计选择

- Lambda 架构的设计思想中，将批处理层和速度层分为两层的原因是____（1）____。
（1）A. 因为批处理和速度层的技术条件相同
　　　B. 因为需要同时处理离线数据和实时数据
　　　C. 因为只需要处理离线数据
　　　D. 因为只需要处理实时数据

- 下列关于 Kappa 架构的历史数据处理能力的说法，正确的是___(2)___。
  - (2) A．Kappa 架构通过批处理层处理历史数据
    - B．Kappa 架构通过速度层处理历史数据
    - C．Kappa 架构的历史数据处理能力较弱
    - D．Kappa 架构不处理历史数据
- 对于实时性的需求，Lambda 架构和 Kappa 架构的区别在于___(3)___。
  - (3) A．Lambda 架构不支持实时性
    - B．Kappa 架构不支持实时性
    - C．Lambda 架构通过批处理和流处理结合实现实时性
    - D．Kappa 架构通过批处理实现实时性
- 在开发和维护成本上，Lambda 架构和 Kappa 架构的主要区别是___(4)___。
  - (4) A．Lambda 架构的开发维护成本较低
    - B．Kappa 架构的开发维护成本较高
    - C．Lambda 架构需要维护两套系统，成本较高
    - D．Kappa 架构需要维护两套系统，成本较高

答案及解析

(1) **参考答案 B**

试题解析 Lambda 架构将批处理层和速度层分为两层，分别进行离线数据处理和实时数据处理，以便在不同的技术条件下处理不同类型的数据。

(2) **参考答案 C**

试题解析 Kappa 架构在设计上使用消息队列对数据进行缓存，其历史数据处理能力相对较弱，处理大量历史数据时可能会对消息中间件性能产生很大压力。

(3) **参考答案 C**

试题解析 Lambda 架构通过使用满足幺半群性质的数据 View 模型，将批处理层和速度层的输出进行统一管理，从而实现实时性。

(4) **参考答案 C**

试题解析 Lambda 架构需要开发并维护两套系统，一套负责批处理计算，另一套负责流处理计算，这样的开发维护成本相对较高。

第20章
知识产权

20.1 著作权

- 甲公司委托乙公司开发一款软件，合同中未明确软件著作权的归属。该软件完成后，其著作权应归____(1)____所有。
    - (1) A. 甲公司 　　　　　　　　　　　B. 乙公司
        - C. 甲、乙公司共同所有 　　　　　D. 无法确定
- 软件著作权自____(2)____时起产生。
    - (2) A. 软件开发完成之日 　　　　　　B. 软件首次发表之日
        - C. 软件登记之日 　　　　　　　　D. 软件商业应用之日
- 程序员在公司工作期间开发的软件，其著作权通常归____(3)____所有。
    - (3) A. 程序员个人 　　　　　　　　　B. 公司
        - C. 程序员与公司共同 　　　　　　D. 无法确定
- 下列不属于软件著作权保护范围的是____(4)____。
    - (4) A. 计算机程序 　　　　　　　　　B. 软件开发文档
        - C. 软件开发所用的算法 　　　　　D. 软件的界面设计
- 自然人拥有的软件著作权的有效期是____(5)____。
    - (5) A. 10 年 　　　　　　　　　　　　B. 20 年
        - C. 50 年 　　　　　　　　　　　　D. 作者终生及死后 50 年

答案及解析

（1）**参考答案** B

试题解析 根据《计算机软件保护条例》第十一条，接受他人委托开发的软件，其著作权的归属由委托人与受委托人签订书面合同约定；无书面合同或者合同未作明确约定的，其著作权由受委托人享有。因此，乙公司作为受委托人，享有该软件的著作权。

（2）**参考答案** A

试题解析 《计算机软件保护条例》第十四条规定，软件著作权自软件开发完成之日起产生。

（3）**参考答案** B

试题解析 程序员在公司工作期间，按照公司安排开发的软件，通常属于职务作品，其著作权归公司所有。

（4）**参考答案** C

试题解析 软件著作权的保护范围包括计算机程序及其相关文档，但不包括开发软件所用的算法、处理过程、操作方法或数学概念等。

（5）**参考答案** D

试题解析 根据《中华人民共和国著作权法》第二十三条，自然人的作品，其发表权、本法第十条第一款第五项至第十七项规定的权利的保护期为作者终生及其死亡后五十年，截止于作者死亡后第五十年的 12 月 31 日；如果是合作作品，截止于最后死亡的作者死亡后第五十年的 12 月 31 日。

20.2　商标权

- 甲、乙软件公司同日就其图像软件产品分别申请"PhotoShape"和"PhotoSharp"商标注册，两图像软件相似，且甲、乙第 1 次使用"PhotoShape"和"PhotoSharp"商标时间均为 2022 年 7 月 12 日。此情形下，___（1）___能获准注册。

  （1）A．"PhotoShape"　　　　　　　　B．"PhotoShape"与"PhotoSharp"均可
  　　C．"PhotoSharp"　　　　　　　　　D．甲、乙抽签结果确定

- 下列不能作为商标注册申请的是___（2）___。

  （2）A．"晨光"牌文具　　　　　　　　B．"绿色食品"牌蔬菜
  　　C．"关爱"牌防摔服　　　　　　　D．"长城"牌汽车

- 关于商标的使用，下列说法错误的是___（3）___。

  （3）A．注册商标必须在核准的商品或服务上使用
  　　B．注册商标可以转让或许可他人使用
  　　C．注册商标可以随意改变其文字、图形等要素
  　　D．注册商标的使用不得侵犯他人的在先权利

- 商标权的有效期是___(4)___。

  (4) A. 5 年　　　　　B. 10 年　　　　　C. 20 年　　　　　D. 永久有效

答案及解析

(1) **参考答案** D

试题解析　依据我国《中华人民共和国商标法》第三十一条规定，两个或者两个以上的商标注册申请人，在同一种商品或者类似商品上，以相同或者近似的商标申请注册的，初步审定并公告申请在先的商标；同一天申请的，初步审定并公告使用在先的商标，驳回其他人的申请，不予公告。若均无使用证据或证据无效的，则采用抽签方式决定谁的申请有效。

(2) **参考答案** B

试题解析　"绿色食品"是蔬菜的一种通用描述，缺乏显著性，不能作为商标注册申请。

(3) **参考答案** C

试题解析　注册商标的文字、图形等要素是商标专用权的重要组成部分，未经商标局核准，不得随意改变。改变后的商标若与他人的注册商标构成近似，还可能构成侵权。

(4) **参考答案** B

试题解析　根据《中华人民共和国商标法》的规定，注册商标的有效期为十年，自核准注册之日起计算。在有效期满前六个月内，商标注册人可以申请续展注册，每次续展注册的有效期也是十年。

20.3　专利权

- 甲公司委托乙公司研发某产品，乙公司指定员工李某承担此项研发任务。李某在研发过程中完成了一项发明创造。在没有任何约定的情形下，该发明创造申请专利的权利属于___(1)___。

  (1) A. 李某　　　　　B. 甲公司　　　　　C. 乙公司　　　　　D. 甲公司和乙公司

- ___(2)___不能授予专利权。

  (2) A. 宇宙大爆炸理论

  　　B. 制造人体假肢的方法

  　　C. 利用电磁波传输信号的方法

  　　D. 动物和植物品种的非生物学生产方法

- 甲公司获得一项发明，并允许乙公司在生产和销售的软件中使用该发明；丙公司从市场上购买乙公司生产的软件，作为丙公司计算机产品的部件。下列说法中，正确的是___(3)___。

  (3) A. 丙公司的行为构成对甲公司权利的侵犯

  　　B. 丙公司的行为不构成对甲公司权利的侵犯

  　　C. 丙公司的行为不侵犯甲公司的权利，乙公司侵犯了甲公司的权利

  　　D. 丙公司的行为与乙公司的行为共同构成对甲公司权利的侵犯

- 下列关于专利权的转让的说法，正确的是___(4)___。
  - （4）A．转让合同订立之日起生效
    - B．转让合同起草后，自动转让给受让人
    - C．转让合同订立后，应当向国家知识产权局登记
    - D．转让合同订立后，需要支付转让费用才生效

答案及解析

（1）**参考答案 C**

试题解析　《中华人民共和国专利法》第六条规定，执行本单位的任务或者主要是利用本单位的物质技术条件所完成的发明创造为职务发明创造。职务发明创造申请专利的权利属于该单位。本题中，乙公司接受甲公司的委托研发某产品，李某完成的发明创造是在执行所属公司乙公司的任务的过程中完成的，因此该发明创造为职务发明创造，在甲公司和乙公司没有协议的情形下，申请专利的权利应当属于乙公司。

（2）**参考答案 A**

试题解析　《中华人民共和国专利法》第二十五条规定，科学发现、智力活动的规则和方法、疾病的诊断和治疗方法、动物和植物品种、用原子核变换方法取得的物质不授予专利权。宇宙大爆炸理论属于科学发现，因此不能授予专利权。

（3）**参考答案 B**

试题解析　此题中甲公司享有发明权，乙公司拥有生产与销售权，丙公司合法购买了使用权，各环节都合法，不存在侵权行为。

（4）**参考答案 C**

试题解析　根据《中华人民共和国专利法》第十条规定，转让专利申请权或者专利权的，当事人应当订立书面合同，并向国务院专利行政部门登记，由国务院专利行政部门予以公告。专利申请权或者专利权的转让自登记之日起生效。

20.4　其他

- 知识产权的特点不包括___(1)___。
  - （1）A．有形性　　　　　　　　　　B．地域性
    - C．时间性　　　　　　　　　　D．获得需要法定的程序
- ___(2)___不属于商业秘密的构成要件。
  - （2）A．不为公众所知悉　　　　　　B．具有商业价值
    - C．已经申请发明专利　　　　　D．权利人采取了相应保密措施

- 甲公司与乙公司签订了保密协议，约定乙公司不得将甲公司的商业秘密泄露给第三方，后乙公司违反协议将商业秘密泄露给了丙公司。在此情况下，下列说法正确的是___(3)___。
  - (3) A．甲公司只能追究乙公司的责任
     B．甲公司只能追究丙公司的责任
     C．甲公司既可以追究乙公司的责任，也可以追究丙公司的责任
     D．甲公司不能追究任何一方的责任

答案及解析

（1）**参考答案 A**

试题解析 知识产权具有以下特点：

知识产权是一种无形财产。

知识产权具备专有性的特点。

知识产权具备时间性的特点。

知识产权具备地域性的特点。

知识产权的获得需要法定的程序。

（2）**参考答案 C**

试题解析 商业秘密的构成要件通常包括三个要素：一是不为公众所知悉（秘密性）；二是具有商业价值（价值性）；三是权利人采取了相应保密措施（保密性）。C选项"已经申请发明专利"与商业秘密的"秘密性"要求相悖，因此不属于商业秘密的构成要件。

（3）**参考答案 C**

试题解析 根据《中华人民共和国反不正当竞争法》第九条，

（三）违反保密义务或者违反权利人有关保守商业秘密的要求，披露、使用或者允许他人使用其所掌握的商业秘密；

第三人明知或者应知商业秘密权利人的员工、前员工或者其他单位、个人实施本条第一款所列违法行为，仍获取、披露、使用或者允许他人使用该商业秘密的，视为侵犯商业秘密。

因此，在商业秘密的保护中，如果第三方明知或应知商业秘密是通过不正当手段获取的，或者违反了保密协议而获得的，那么该第三方也需要承担法律责任。因此，甲公司既可以追究违反保密协议的乙公司的责任，也可以追究丙公司的责任。

第21章 运筹学

历年考试题

- 在如下线性约束条件下：$2x+3y\leq30$，$x+2y\geq10$，$x\geq y$，$x\geq5$，$y\geq0$，目标函数 $2x+3y$ 的极小值为___(1)___。

  (1) A. 16.5   B. 17.5   C. 20   D. 25

- 某企业准备将四个工人甲、乙、丙、丁分配在A、B、C、D四个岗位。每个工人由于技术水平不同，在不同岗位上每天完成任务所需的工时见下表。适当安排岗位，可使四个工人以最短的总工时，即___(2)___小时全部完成每天的任务。

  单位：小时

工人	A	B	C	D
甲	7	5	2	3
乙	9	4	3	7
丙	5	4	7	5
丁	2	6	5	6

  (2) A. 13   B. 14   C. 15   D. 16

- 某厂生产的某种电视机，销售价为每台2500元，去年的总销售量为25000台，固定成本总额为250万元，可变成本总额为4000万元，税率为16%，则该产品年销售量的盈亏平衡点为___(3)___台（只有在年销售量超过它时才能盈利）。

  (3) A. 5000   B. 10000   C. 15000   D. 20000

- 某公司有400万元资金用于甲、乙、丙三厂追加投资。各厂获得不同投资款后的效益见下表。适当分配投资（以万元为单位）可以获得的最大的总效益为___(4)___万元。

工厂	投资和效益/万元				
	0	1	2	3	4
甲	380	410	480	600	660
乙	400	420	500	600	660
丙	480	640	680	780	780

(4) A．1510　　　　B．1560　　　　C．1640　　　　D．690

● 数学模型常带有多个参数，而参数会随环境因素而变化。根据数学模型求出最优解或满意解后，还需要进行___(5)___，对计算结果进行检验，分析计算结果对参数变化的反应程度。

(5) A．一致性分析　　B．准确性分析　　C．灵敏性分析　　D．似然性分析

答案及解析

（1）参考答案　B

试题解析　本题属于二维线性规划问题，可以用图解法求解。

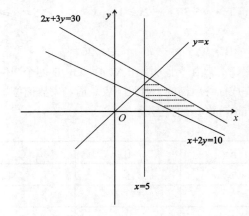

在(x, y)平面坐标系中，由题中给出的五个约束条件形成的可行解区是一个封闭的凸五边形。它有五个顶点：$(10, 0)$，$(15, 0)$，$(6, 6)$，$(5, 5)$和$(5, 2.5)$。根据线性规划的特点，在封闭的凸五边形可行解区上，线性目标函数的极值一定存在，而且一定在凸五边形的顶点处达到。逐个代入可知在这些顶点中，$(5, 2.5)$使目标函数$2x+3y$达到极小值17.5。

（2）参考答案　B

试题解析　本题是指派问题，可以采用匈牙利算法求解。

表中的数字组成一个矩阵，分配岗位实际上就是在这个矩阵中每行每列只取一个数，使四数之和最小（最优解）。显然，如果同一行或同一列上各数都加（减）一个常数，那么最优解的位置不变，最优的值也加（减）这个常数。因此，可以对矩阵做如下运算，使其中的0元素多一些，其他

的数都为正数,以便于直观求解。

将矩阵的第1、2、3、4行分别减去行内最小值2、3、4、4,得到:

工人	A	B	C	D
甲	5	3	0	1
乙	6	1	0	4
丙	1	0	3	1
丁	0	2	1	2

再将第4列都减去列内最小值1得到:

工人	A	B	C	D
甲	5	3	0	0
乙	6	1	0	3
丙	1	0	3	0
丁	0	2	1	1

观察表格中不同行、不同列的0元素,得到分配方案:A岗位分给丁,B岗位分给丙,C、D岗位分别分配给乙和甲。总工时=2+3+4+4+1=14小时。

(3)**参考答案 A**

试题解析 本题计算盈亏平衡点。

根据题意计算出每台电视机的可变成本:

4000×10000/25000=1600(元)

设盈亏平衡点为X台,则有:

收益=单价×数量×(100%-税率)=2500×X×(100%-16%)

成本=固定成本+可变成本=250×10000+1600×X

收益=成本时,盈亏平衡,因此2500×X×(100%-16%)=250×10000+1600×X

解上述方程得,X=5000。

(4)**参考答案 C**

试题解析 本题可采用穷举法分别试算各个方案,结果最佳的是:甲投资300万元,丙投资100万元,乙投资0,收益为:600+640+400=1640万元。

(5)**参考答案 C**

试题解析 本题考查数学模型。实际问题的数学模型往往都是近似的,常带有多个参数,而参数会随环境因素而变化。根据数学模型求出最优解或满意解后,还需要进行灵敏性分析,对计算结果进行检验,分析计算结果对参数变化的反应程度。如果对于参数的微小变化引发计算结果的很大变化,那么这种计算结果并不可靠,并且不可信。

第22章 案例题

22.1 架构风格和架构评估

【说明】

某电子商务公司拟升级其会员与促销管理系统,向用户提供个性化服务,提高用户的黏性。在项目立项之初,公司领导层一致认为本次升级的主要目标是提升会员管理方式的灵活性,由于当前用户规模不大,业务也相对简单,系统性能方面不做过多考虑,新系统除了保持现有的四级固定会员制度外,还需要根据用户的消费金额、偏好、重复性等相关特征动态调整商品的折扣力度,并支持在特定的活动周期内主动筛选与活动主题高度相关的用户集合,提供个性化的打折促销活动。

在需求分析与架构设计阶段,公司提出的需求和质量属性描述如下:

(a) 管理员能够在页面上灵活设置折扣力度规则和促销活动逻辑,设置后即可生效。
(b) 系统应该具备完整的安全防护措施,支持对恶意攻击行为进行检测与报警。
(c) 在正常负载情况下,系统应在 0.3 秒内对用户的界面操作请求进行响应。
(d) 用户名是系统唯一标识,要求以字母开头,由数字和字母组合而成,长度不少于 6 个字符。
(e) 在正常负载情况下,用户支付商品费用后在 3 秒内确认订单支付信息。
(f) 系统主站点电力中断后,应在 5 秒内将请求重定向到备用站点。
(g) 系统支持横向存储扩展,要求在 2 人天内完成所有的扩展与测试工作。
(h) 系统宕机后,需要在 10 秒内感知错误,并自动启动热备份系统。
(i) 系统需要内置接口函数,支持开发团队进行功能调试与系统诊断。
(j) 系统需要为所有的用户操作行为进行详细记录,便于后期查阅与审计。
(k) 支持对系统的外观进行调整和配置,调整工作需要在 4 人天内完成。

在对系统需求、质量属性描述和架构特性进行分析的基础上，系统架构设计师给出了两种候选的架构设计方案，公司目前正在组织相关专家对系统架构进行评估。

【问题1】（12分）

在架构评估过程中，质量属性效用树是对系统质量属性进行识别和优先级排序的重要工具。请将合适的质量属性名称填入图22-1中（1）、（2）空白处，并选择题干描述的（a）～（k）填入（3）～（6）空白处，完成该系统的效用树。

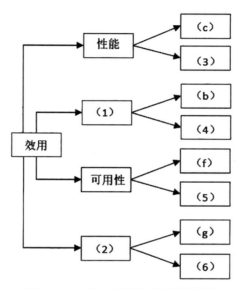

图22-1　会员与促销管理系统效用树

【问题2】（13分）

针对该系统的功能，李工建议采用面向对象的架构风格，将折扣力度计算和用户筛选分别封装为独立对象，通过对象调用实现对应的功能；王工则建议采用解释器架构风格，将折扣力度计算和用户筛选条件封装为独立的规则，通过解释规则实现对应的功能。请针对系统的主要功能，从折扣规则的可修改性、个性化折扣定义的灵活性和系统性能三个方面对这两种架构风格进行比较与分析，并指出该系统更适合采用哪种架构风格。

答案及解析

【问题1】参考答案

（1）安全性　（2）可修改性　（3）（e）　（4）（j）　（5）（h）　（6）（k）

试题解析　架构评估是软件开发过程的重要环节，在架构评估中的质量属性有：性能、可用性、可修改性、安全性、可靠性、易用性。质量属性效用树是对质量属性进行分类、权衡、分析的架构分析工具,它主要关注系统的性能、可用性、可修改性和安全性这四个方面的质量属性。本题中,(c)(e)属于性能;(b)(j)属于安全性;(f)(h)属于可用性;(g)(k)属于可修改性。

【问题2】参考答案/试题解析

面向对象风格通过编写新的规则实现代码,并通过应用重启或热加载添加规则,可修改性稍差;在解释器风格中,可以通过导入资源文件或采用外部配置的方式导入编写的新规则,不用修改业务代码,可修改性好。面向对象风格通过策略模式定义规则对象,规则以程序逻辑实现,灵活性较差,解释器风格可灵活定义规则计算表达式,灵活性更好。面向对象风格在编译后直接运用代码运算规则,性能好;而虚拟机风格需要加载规则、解析规则、规则运算,再得出结果,性能较差。

面向对象风格:效率高、质量高、易维护,可修改性高,灵活性稍差,性能好。

解释器风格:可修改性高,个性化和灵活性强,性能较差。

由于本项目的目标是提升灵活性,并且规模不大,因此建议采用解释器风格。

22.2 云计算和云原生

【说明】

某公司是一家致力于线上的化妆品销售品牌的商务公司。伴随着公司业务高速发展,技术运维面临着非常严峻的挑战。随着"双11"电商大促、"双12"购物节、小程序、网红直播带货呈现爆发式增长趋势,如何确保微商城系统稳定顺畅地运行成为该公司面对的首要难题。其中,比较突出几个挑战包括:

- 系统开发迭代快,线上问题较多,定位问题耗时较长。
- 频繁大促,系统稳定性保障压力很大,第三方接口和一些慢SQL的存在导致严重线上故障的风险增大。
- 压测与系统容量评估工作相对频繁,缺乏常态化机制支撑。
- 系统大促所需资源与日常资源相差较大,需要频繁扩缩容。

【问题1】(10分)

在架构设计过程中,公司的工程师张工提出采用现成的云计算平台,在云上部署,可以最大限度且最快地解决面临的挑战,迎合公司业务高速发展的要求。而李工认为上云有一定的风险,将数据资产放在云上,不利于数据资产的管控,提出利用成熟的传统解决方案,大规模扩展团队,包括线上运维、基础运维、资源采购以及成熟的开发框架,将所有数据和资产握在自己手中,保证自己的数据安全和可控性。请用300字描述云计算解决方案相对传统的解决方案有什么优势,并回答该公司目前应该采用哪种方案?

【问题2】(13分)

针对该系统的需求,架构组讨论出了如图22-2所示的架构图,请从下面给出的(a)~(k)中进行选择,补充完善图22-2中(1)~(11)空白处的内容。

案例题 第22章

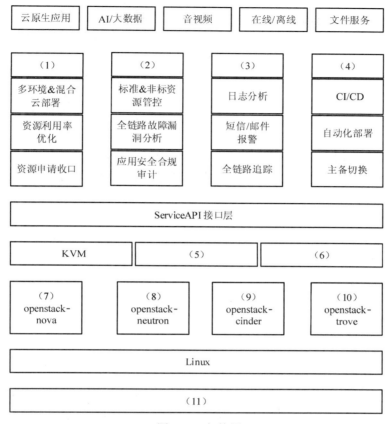

图 22-2 架构图

（a）物理机　（b）Docker　（c）DevOps　（d）安全隔离　（e）计算模块　（f）存储模块
（g）网络模块　（h）集群管理　（i）Kubernetes　（j）PaaS 模块　（k）监控&报警

答案及解析

【问题1】**参考答案**

云计算解决方案相较于传统方案，优势在于其高度的灵活性、可扩展性和成本效益。云计算能快速响应业务需求变化，实现资源的按需分配与释放，降低了初期投资及运维成本。同时，云服务商通常提供专业的安全防护措施，确保数据的安全性与合规性。

对于该公司而言，面对快速发展的业务需求，采用云计算平台能更迅速地支撑业务扩张，减少时间成本，并利用云服务商的安全技术与经验保障数据安全。而传统方案虽在数据掌控上有一定优势，但扩展速度慢、成本高，且自建安全体系需长期投入与持续优化。因此，综合考虑业务敏捷性、成本控制与安全保障，该公司目前更适合采用云计算解决方案，以加速发展并有效管理风险。

【问题2】参考答案
(1)(h)　　(2)(d)　　(3)(k)　　(4)(c)　　(5)(b)　　(6)(i)(5、6可互换)
(7)(e)　　(8)(g)　　(9)(f)　　(10)(j)　　(11)(a)

22.3 结构化分析和设计

【说明】

煤炭生产是国民经济发展的主要领域之一，煤矿的安全非常重要。某能源企业拟开发一套煤矿建设项目安全预警系统，以保护煤矿建设项目从业人员的生命安全。本系统的主要功能如（a）～（h）所述。

（a）项目信息维护
（b）影响因素录入
（c）关联事故录入
（d）安全评价得分
（e）项目指标预警分析
（f）项目指标填报
（g）项目指标审核
（h）项目指标确认

【问题1】（9分）

王工根据煤矿建设项目安全预警系统的功能要求，设计完成了系统的数据流图，如图22-3所示。请使用题干中描述的功能（a）～（h），补充完善（1）～（6）空白处的内容，并简要介绍数据流图在分层细化过程中遵循的数据平衡原则。

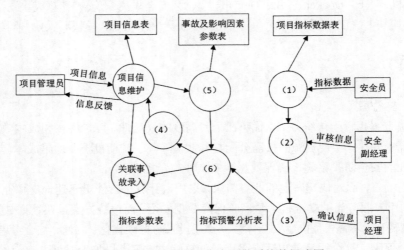

图22-3　煤矿建设项目安全预警系统数据流图

【问题2】（9分）

请根据【问题1】中数据流图表示的相关信息，补充完善煤矿建设项目安全预警系统总体 E-R 图（图 22-4）中（1）～（6）空白处的具体内容，将正确答案填在答题纸上。

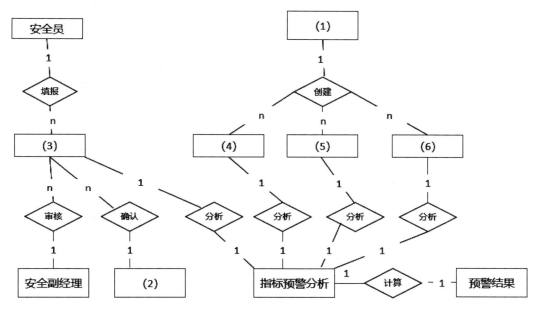

图 22-4　煤矿建设项目安全预警系统总体 E-R 图

【问题3】（7分）

在结构化分析和设计过程中，数据流图和数据字典是常用的技术手段，请用 200 字以内的文字简要说明它们在软件需求分析和设计阶段的作用。

答案及解析

【问题1】**参考答案**

（1）（f）　　（2）（g）　　（3）（h）　　（4）（d）　　（5）（b）　　（6）（e）

层间平衡：数据流个数一致，方向一致。

图内平衡：有输入无输出为黑洞，有输出无输入为奇迹，输入不足为灰洞。

试题解析　观察图 22-3，（1）输入的是指标数据，输出包含项目指标数据表，显然该功能是（f）；（2）由安全副经理操作并输入审核信息，由此可知该功能是（g）；同理，（3）的功能为（h）；由于输出为事故及影响参数表，可知（5）为（b）；（6）输出有指标预警分析表，可知该项功能为（e）；最后看（4），输入是项目指标预警分析的结果，可知该项功能为（d）。

数据平衡原则有两个：一是父图与子图之间数据要平衡；二是每张子图内数据要平衡，避免奇迹（无入有出）、黑洞（有入无出）、灰洞（无法出）。

【问题2】参考答案

（1）项目管理员　（2）项目经理　（3）项目指标　（4）项目信息　（5）影响因素参数　（6）关联事故

试题解析　结合问题1，安全员填报的是项目指标数据表，因此（3）应该就是项目指标；又因为项目指标数据表由项目经理确认，因而（2）为项目经理；项目管理员需要维护三类信息，即项目信息、关联事故、影响因素参数，推知（1）为项目管理员，（4）、（5）、（6）为项目信息、影响因素参数、关联事故，三者次序无关。

【问题3】参考答案

在分析阶段，数据流图用于界定系统上下文范围和建立业务流程的加工说明，自顶向下对系统进行功能分解，指明数据在系统内移动变换，描述功能及加工规约。数据字典用于建立业务概念有组织的集合，是模型核心库，有组织的系统相关数据元素列表，使涉众对模型中元素有共同的理解。

在设计阶段，结构化设计根据不同的数据流图类别分别做变换和事务映射来初始化系统结构图；根据数据字典中的数据存储描述来建立数据库存储设计。

试题解析　本题答案仅供参考，可以从数据流图与数据字典的基本概念作答。数据流图作为结构化方法重要的工具，在需求分析阶段用来展示并分析需求分析的结果，设计阶段不涉及数据流图的使用，但是设计阶段会以数据流图作为基础形成系统结构图（也称模块结构图）。而数据字典在结构化的软件需求分析与设计过程中均会使用。

22.4　面向对象分析和设计

【说明】

某医院拟委托软件公司开发一套预约挂号管理系统，以便为患者提供更好的就医体验、为医院提供更加科学的预约管理。本系统的主要功能描述如下：（a）注册登录，（b）信息浏览，（c）账号管理，（d）预约挂号，（e）查询与取消预约，（f）号源管理，（g）报告查询，（h）预约管理，（i）报表管理和（j）信用管理。

【问题1】（6分）

若采用面向对象方法对预约挂号管理系统进行分析，得到如图22-5所示的用例图。请将合适的参与者名称填入图22-5中的（1）和（2）空白处，使用题干给出的功能描述（a）～（j），完善用例（3）～（12）的名称，将正确答案填在答题纸上。

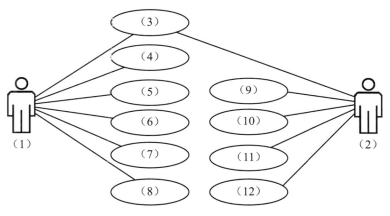

图 22-5　用例图

【问题 2】(10 分)

预约人员（患者）登录系统后发起预约挂号请求，进入预约界面。进行预约挂号时使用数据库访问类获取医生的相关信息，在数据库中调用医生列表，并调取医生出诊时段表，将医生出诊时段反馈到预约界面，并显示给预约人员；预约人员选择医生及就诊时间后确认预约，系统返回预约结果，并向用户显示是否预约成功。

采用面向对象方法对预约挂号过程进行分析，得到如图 22-6 所示的顺序图。使用题干中给出的描述，完善图 22-6 中对象（1），及消息（2）~（4）的名称，将正确答案填在答题纸上；请简要说明在描述对象之间的动态交互关系时，协作图与顺序图存在哪些区别。

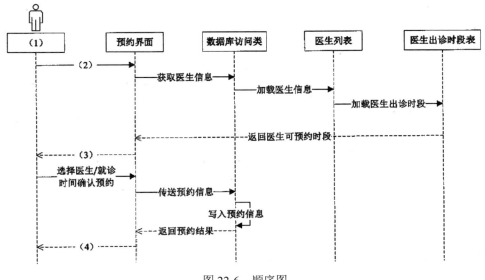

图 22-6　顺序图

【问题3】（9分）

采用面向对象方法开发软件，通常需要建立对象模型、动态模型和功能模型，请分别介绍这三种模型，并详细说明它们之间的关联关系；针对上述模型，说明哪些模型可用于软件的需求分析。

答案及解析

【问题1】参考答案

（1）预约人员（患者）
（2）医院管理人员
（3）（a）
（4）～（8）：（b）、（c）、（d）、（e）、（g）（顺序可变）
（9）～（12）：（f）、（h）、（i）、（j）（顺序可变）

【问题2】参考答案

（1）预约人员
（2）预约挂号
（3）显示医生可预约时段
（4）显示预约结果

顺序图是显示对象之间交互的图，这些对象是按时间顺序排列的，着重描述对象按时间顺序的消息交换。

协作图用于描述系统的行为是如何由系统的成分实现协作的图，着重描述系统成分如何协同工作。

【问题3】参考答案

对象模型用于描述系统数据结构；动态模型用于描述系统控制结构；功能模型用于描述系统功能。

这三种模型都涉及数据、控制和操作等共同的概念，但侧重点不同，从不同侧面反映了系统的实质性内容，综合起来可全面地反映对目标系统的需求。

功能模型指明了系统应该"做什么"；动态模型明确规定了什么时候做；对象模型则定义了做事情的实体。

对象模型、动态模型和功能模型均可用于软件的需求分析。

22.5 嵌入式系统设计

【说明】

系统的故障检测和诊断是宇航系统提高装备可靠性的主要技术之一，随着装备信息化的发展，分布式架构下的资源配置越来越多、资源布局也越来越分散，这对系统的故障检测和诊断方法提出了新的要求，为了适应宇航装备的分布式综合化电子系统的发展，解决由于系统资源部署的分散性，造成系统状态的综合和监控困难的问题，公司领导安排张工进行研究。张工经过分析、调研提出了针对分布式综合化电子系统架构的故障检测和诊断的方案。

【问题1】（8分）

张工提出：宇航装备的软件架构可采用四层的层次化体系结构，即模块支持层、操作系统层、分布式中间件层和功能应用层。为了有效、方便地实现分布式系统的故障检测和诊断能力，方案建议将系统的故障检测和诊断能力构建在分布式中间件内，通过使用心跳或者超时探测技术来实现故障检测器。请用300字以内的文字分别说明心跳检测和超时探测技术的基本原理及特点。

【问题2】（8分）

张工针对分布式综合化电子系统的架构特征，给出了初步设计方案，每个节点的故障监测与诊断器主要负责监控系统中所有的故障信息，并将故障信息进行综合分析判断，使用故障诊断器分析出故障原因，给出解决方案和措施。系统可以给模块的每个处理机器核配置核状态监控器、给每个分区配置分区状态监控器、给每个模块配置模块状态监控器、给系统配置系统状态监控器，如图22-7所示。

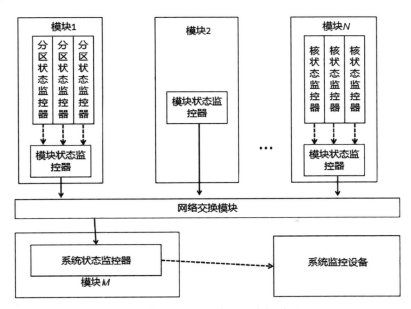

图22-7 系统故障检测和诊断原理

请判断下面给出的分布式综合化电子系统产生的故障（a）～（h）分别属于哪类监控器检测的范围，完善表22-1的（1）～（8）空白处的内容。

（a）应用程序除零

（b）看门狗故障

（c）任务超时

（d）网络诊断故障
（e）BIT 检测故障
（f）分区堆栈溢出
（g）操作系统异常
（h）模块掉电

表 22-1　故障分类

监控器	范围
核状态监控器	（1）、（2）
分区状态监控器	（3）
模块状态监控器	（4）、（5）、（6）
系统状态监控器	（7）、（8）

【问题 3】（9 分）

张工在方案中指出，本系统的故障诊断采用故障诊断器实现，它可综合多种故障信息和系统状态，依据智能决策数据库提供的决策策略判定出故障类型和处理方法。智能决策数据库中的策略可以对故障开展定性或定量分析，通常，在定量分析中，普遍采用基于解析模型的方法和数据驱动的方法，张工在方案中提出该系统定量分析时应采用基于解析模型的方法。但是此提议受到王工的反对，王工指出采用数据驱动的方法更适合分布式综合化电子系统架构的设计。请用 300 字以内的文字，说明数据驱动方法的基本概念，以及王工提出采用此方法的理由。

答案及解析

【问题 1】参考答案/试题解析

顾名思义，心跳检测技术是节点以固定频率向其他节点发送心跳信息，表示自己存活的技术。如果一段时间之后仍然没有收到来自此节点的心跳，就认定该节点已失效，其资源和服务就会被接管。优点是可以快速反应，缺点是容易产生误判。

超时探测技术是节点主动向被探测节点发出 PING 信号的技术，被探测节点则在收到 PING 信号后回复一个 ECHO 信号，表示自己的健康状态良好，还可以附加一些状态信息。如果在预定的时间之后仍然收不到 ECHO 信号，则判定被探测节点失效。优点是可以获得更详细的探测结果，缺点是判断的周期较长。

【问题 2】参考答案

（1）（a）　（2）（b）　（3）（f）　（4）（c）　（5）（e）　（6）（h）　（7）（d）　（8）（g）

试题解析

（a）应用程序除零，属于核状态。

（b）看门狗是定期查看芯片内部的情况，一旦发现错误就发出重启信号，属于核状态。
（c）任务超时，属于模块状态。
（d）网络诊断故障，属于系统状态。
（e）BIT 检测故障，内装测试（Build-in Test，BIT）属于模块状态。
（f）分区堆栈溢出，属于分区状态。
（g）操作系统异常，属于系统状态。
（h）模块掉电，属于模块状态。

【问题 3】参考答案/试题解析

数据驱动方法是一种问题求解方法。从初始的数据或观测值出发，运用启发式规则，寻找和建立内部特征之间的关系，从而发现一些定理或定律。通常也指基于大规模统计数据的自然语言处理方法。

在本题中，由于是分布式环境，需要综合多种故障信息和系统状态，依据智能决策数据库的决策策略判定，如果采用预先定制的解析模型，这个模型可能会非常复杂。因此采用数据驱动方法能通过已有的数据去训练模型，可以逐渐精细化，并兼容未来的变化。

22.6　SOA 和微服务架构设计

【说明】

某互联网公司欲建设一套面向互联网的商品交易平台，该平台可以方便用户和商户之间的咨询和交易。参考目前的电子商务模式，该平台的主要性能需求描述如下：

（1）平台会邀请大牌商户入驻，所以后期该平台要承担比较大的全国用户请求流量，以及较高的并发用户数，被认为是最重要的性能需求。

（2）重要节日会有商户进行秒杀促销活动，所以平台需要承担流量尖峰，且保证较低的访问延时。

（3）平台需要达到一定的可用性。

（4）由于平台涉及金融支付领域，所以对用户的订单及支付数据存储有较高的安全性、可靠性要求。

目前公司正在组织技术部进行方案调研，讨论该平台的实现方案。在技术讨论时，王工给出了方案：接入层采用工作在七层的 Nginx 来作为负载均衡器，并在应用层采用 SOA 来整合公司目前可复用的网络服务程序，集成在一起来处理该平台的业务功能，可以达到很高的复用并快速上线争取市场，存储层则采用传统的 oracle 来承担数据存储。李工给出了不同的意见，认为应该采用工作在四层的 LVS 来作为接入层的负载均衡器，应用层应采用微服务来实现每个子功能，通过微服务之间的协作来完成整体功能，存储层则应采用 MySQL 开源组件，实行主从模式、分库分表来组成分布式数据库，并进行读写分离的设计，来更好地达到性能和可用性的提升。之后张工补充了方案，根据平台即将面对的全国流量，应该在全国设立四个机房，分别部署一套平台服务，来平摊用户流量。

【问题1】（10分）

请用200字以内的文字简述王工的SOA方案和李工的微服务方案的不同点，根据该项目应该选择哪个方案？

【问题2】（10分）

经深入讨论公司支持了李工的方案，请简述针对存储层采用MySQL来进行分库分表、主从结构的设计的原因。

【问题3】（5分）

公司也同时认可了张工补充的开设多个机房方案，但该方案需要依赖其他技术，请简述其中一种关键性技术，并说明其作用。

答案及解析

【问题1】参考答案/试题解析

SOA的设计思路是把一些组件和服务，通过服务总线组装，形成更大的应用系统（从小到大）；而微服务的设计思路是把应用拆分成独立自治的小的服务（从大到小）。

SOA很大程度上依赖于基于XML的消息格式和基于SOAP的通信协议，微服务架构大量地依赖于REST和JSON。

SOA架构中需要存在ESB总线，负责服务之间的通信转发和接口适配。在微服务架构中，强调更轻量级、更迅速、去中心化的技术。

SOA设计架构强调分层，通常会分为展现层、业务层、总线层和数据层。微服务架构中的服务更松散，更容易扩展。

SOA中的服务不强调业务领域的自治性，微服务架构强调基于领域的服务自治性。

由于该平台业务规模体量会比较大，而考虑到微服务的伸缩性、去中心化和自治性，更容易提升性能，并更好地适应研发团队的解耦。

【问题2】参考答案/试题解析

采用MySQL开源组件本身是可以降低成本的。

将两个MySQL设计成主从模式，可以提高平台要求的可用性，主节点有异常，从节点可及时代替主节点继续提供服务。

以主从模式为基础，设计多套MySQL主从结构，实现分库分表，每一个节点都能平摊数据存储量，进一步提升总体性能和系统容量。

随着业务的发展和数据量的增加，单一数据库可能无法满足大规模数据存储和高并发访问的需求。通过分库分表，可以将数据分散到多个数据库和表中，从而减轻单一数据库的负载压力，提高系统的查询和写入性能。同时主从结构可以实现数据库的高可用性和容错性。当主库出现故障时，可以自动将从库切换为主库，继续提供数据库服务，从而保证系统的连续性和稳定性。此外，主从结构还可以实现数据的实时备份和恢复。通过将从库的数据定期备份到外部存储设备或云存储中，可以在主库出现故障时快速恢复数据，减少数据丢失的风险。

【问题 3】参考答案/试题解析

DNS 解析，根据用户的 IP 解析到该用户距离最近的机房，减少该用户访问平台的时延和拥挤程度。

22.7 数据库设计

【说明】

某医药销售企业因业务发展，需要建立线上药品销售系统，为用户提供便捷的互联网药品销售服务，该系统除了常规药品展示、订单、用户交流与反馈功能外，还需要提供当前热销产品排名、评价分类管理等功能。

通过对需求的分析，在数据管理上初步决定采用关系数据库（MySQL）和数据库缓存（Redis）的混合架构实现。经过规范化设计之后，该系统的部分数据库表结构如下所示。

供应商（供应商 ID，供应商名称，联系方式，供应商地址）；

药品（药品 ID，药品名称，药品型号，药品价格，供应商 ID）；

药品库存（药品 ID，当前车存数量）；

订单（订单号码，药品 ID，供应商 ID，药品数量，订单金额）；

【问题 1】（9 分）

在系统初步运行后，发现系统数据访问性能较差。经过分析，刘工认为原来的数据库规范化设计后，关系表过于细分，造成了大量的多表关联查询，影响了性能。例如，当用户查询商品信息时，需要同时显示该药品的信息、供应商的信息、当前库存等信息。

为此，刘工认为可以采用反规范化设计来改造药品关系的结构，以提高查询性能。修改后的药品关系结构为：

药品（药品 ID，药品名称，药品型号，药品价格，供应商 ID，供应商名称，当前库存数量）。

请用 200 字以内的文字说明常见的反规范化设计方法，并说明用户查询商品信息应该采用哪种反规范化设计方法。

【问题 2】（9 分）

王工认为，反规范化设计可提高查询的性能，但必然会带来数据的不一致性问题。请用 200 字以内的文字说明在反规范化设计中，解决数据不一致性问题的三种常见方法，并说明该系统应该采用哪种方法。

【问题 3】（7 分）

该系统采用了 Redis 来实现某些特定功能（如当前热销药品排名等），同时将药品关系数据放到内存以提高商品查询的性能，但必然会造成 Redis 和 MySQL 的数据实时同步问题。

（1）Redis 的数据类型包括 String、Hash、List、Set 和 ZSet 等，请说明这几种数据类型的应用场景。

（2）请用200字以内的文字解释说明解决 Redis 和 MySQL 数据实时同步问题的常见方案。

答案及解析

【问题1】参考答案/试题解析
常见的反规范化设计方法包括：
增加冗余列：在一个表中添加与其他表中重复的信息，以减少连接查询的需求。
增加派生列：添加计算或汇总信息的列，这些信息原本需要通过复杂查询或计算获得。
重新组表：将多个相关的表合并成一个表，以减少多表连接的次数。
分割表：将频繁访问的列和不常访问的列分开存储，以提高查询性能。
用户查询商品信息应该采用重新组表的方法。

【问题2】参考答案/试题解析
解决数据不一致性问题的三种常见方法：应用程序同步、批量处理同步和触发器同步。
该系统应该采用应用程序同步。

【问题3】参考答案/试题解析
（1）Redis 支持以下的数据类型的应用场景：
1）String（字符串）：
➢ 缓存简单的键值对（如网页内容、数据库查询结果）。
➢ 实现分布式计数器（如网站访问量统计）。
➢ 存储用户会话信息（如用户登录状态）。
2）Hash（哈希）：
➢ 存储用户信息（如用户名、密码、电子邮件）。
➢ 存储配置信息（如应用程序配置）。
3）List（列表）：
➢ 实现简单的消息队列（如任务异步处理）。
➢ 存储最新操作记录或日志（如社交媒体动态）。
4）Set（集合）：
➢ 存储用户标签或兴趣点。
➢ 去重（如记录访问过的 IP 地址）。
5）ZSet（有序集合）：
➢ 实现排行榜功能（如游戏排名）。
➢ 按优先级处理任务（如任务调度系统）。
（2）解决 Redis 和 MySQL 数据实时同步问题的常见方案包括：
1）引用 MySQL 的事务，因为事务有一致性保证，事务提交成功后再更新缓存。
2）在缓存里面引用一些访问控制位，数据库数据变化后，同步变更对应的访问控制位，然后从缓存查询时，率先判断该访问控制位，有变化就从数据库查，无变化直接从缓存返回数据。

3）通过数据库中间件产品保证缓存和数据库数据实时同步。

22.8 数据库缓存

【说明】

某大型电商平台建立了一个在线 B2B 商店系统，并在全国多地建设了货物仓储中心，通过提前备货的方式来提高货物的运送效率。但是在运营过程中发现会出现很多跨仓储中心调货从而延误货物运送的情况。

为此，该企业计划新建立一个全国仓储货物管理系统，在实现仓储中心常规管理功能之外，通过对在线 B2B 商店系统中订单信息进行及时的分析和挖掘，并通过大数据分析预测各地仓储中心中各类货物的配置数量，从而提高运送效率，降低成本。

当用户通过在线 B2B 商店系统选购货物时，全国仓储货物管理系统会通过该用户所在地址、商品类别以及仓储中心的货物信息和地址，实时为用户订单反馈货物起运地（某仓储中心）并预测送达时间。反馈送达时间的响应时间应小于 1 秒。

为满足反馈送达时间功能的性能要求，设计团队建议在全国仓储货物管理系统中采用数据缓存集群的方式，将仓储中心基本信息、商品类别以及库存数量放置在内存的缓存中，而仓储中心的其他商品信息则存储在数据库系统。

【问题1】（9分）

设计团队在讨论缓存和数据库的数据一致性问题时，李工建议采取数据实时同步更新方案，而张工则建议采用数据异步准实时更新方案。

请用 200 字以内的文字，简要介绍两种方案的基本思路，说明全国仓储货物管理系统应该采用哪种方案，并说明采取该方案的原因。

【问题2】（9分）

随着业务的发展，仓储中心以及商品的数量日益增加，需要对集群部署多个缓存节点，提高缓存的处理能力。李工建议采用缓存分片方法，把缓存的数据拆分到多个节点分别存储，减轻单个缓存节点的访问压力，达到分流效果。

缓存分片方法常用的有哈希算法和一致性哈希算法，李工建议采用一致性哈希算法来进行分片。请用 200 字以内的文字简要说明两种算法的基本原理，并说明李工采用一致性哈希算法的原因。

【问题3】（7分）

全国仓储货物管理系统开发完成，在运营一段时间后，系统维护人员发现大量黑客故意发起非法的商品送达时间查询请求，造成了缓存击穿，张工建议尽快采用布隆过滤器方法解决。请用 200 字以内的文字解释布隆过滤器的工作原理和优缺点。

答案及解析

【问题1】参考答案/试题解析

李工同步方案思路：在更新数据时，同一事务内依次执行以下步骤：删除缓存中的相关数据，更新数据库中的数据，然后将更新后的数据重新写入缓存。

张工异步准实时方案思路：在更新数据时，同一事务内首先通过消息队列发布待更新数据的消息给缓存更新服务，然后更新数据库。缓存更新服务会订阅消息队列，当收到更新事件时再执行缓存更新。

建议采用张工提出的异步准实时方案，原因如下：

- 性能需求：张工的方案减少了同步更新带来的系统负担，有助于满足反馈送达时间小于1秒的高性能要求。
- 系统负担：异步更新降低了实时同步操作的频率，减少了高并发场景下可能出现的性能瓶颈。
- 容忍度：虽然存在短时间的数据不一致，但仓储数据变动相对较少，这种延迟通常在可接受范围内，对用户体验不会产生显著影响。

【问题2】参考答案/试题解析

哈希算法通过某种哈希算法散列得到一个值，按该值将数据分配到集群响应节点进行缓存。

一致性哈希算法将整个哈希值空间映射成一个按顺时针方向组织的虚拟圆环，使用哈希算法算出数据哈希值，然后根据哈希值的位置沿圆环顺时针查找，将数据分配到第一个遇到的集群节点进行缓存。

采用一致性哈希算法因为其有两大优点：

（1）可扩展性：一致性哈希算法保证了增加或减少服务器时，数据存储的改变最少，相比传统哈希算法大大节省了数据移动的开销。

（2）更好地适应数据的快速增长。

【问题3】参考答案/试题解析

布隆过滤器工作原理：布隆过滤器是一种空间效率高的概率型数据结构，用于判断一个元素是否属于一个集合。其核心原理是使用多个独立的哈希函数，将元素映射到一个位数组中的多个位置，并将这些位置的位设置为1。查询时，通过同样的哈希函数检查对应位置的位，如果所有位置的位都为1，则认为该元素可能在集合中；如果有任何位置的位为0，则可以确定该元素不在集合中。

优点：
> 高空间效率：布隆过滤器比传统的数据结构（如集合、列表）占用更少的存储空间。
> 快速查询：布隆过滤器查询操作非常快速，只需要计算几个哈希函数并检查对应的位。

缺点：
> 误判率：布隆过滤器存在误判的可能，即可能错误地认为一个不存在的元素在集合中。但不会出现漏判，即不会将实际存在的元素判断为不存在。
> 不可删除：一旦元素加入布隆过滤器后，很难精确地删除特定元素，因为删除操作可能影响其他元素的判断结果。

22.9　Web 系统架构设计

【说明】

某公司拟开发一套基于边缘计算的智能门禁系统，用于如园区、新零售、工业现场等存在来访、被访业务的场景。来访者在来访前，可以通过线上提前预约的方式将自己的个人信息记录在后台，被访者在系统中通过此请求后，来访者在到访时可以直接通过"刷脸"的方式通过门禁，无需其他验证。此外，系统的管理员可对正在运行的门禁设备进行管理。

基于项目需求，该公司组建项目组，召开了项目讨论会。会上，张工根据业务需求并结合边缘计算的思想，提出本系统可由访客注册模块、模型训练模块、端侧识别模块与设备调度平台模块等四项功能组成。李工从技术层面提出该系统可使用 Flask 框架与 SSM 框架为基础来开发后台服务器，将开发好的系统通过 Docker 进行部署，并使用 MQTT 协议对 Docker 进行管理。

【问题 1】（5 分）

MQTT 协议在工业物联网中得到了广泛的应用，请用 300 字以内的文字简要介绍 MQTT 协议。

【问题 2】（14 分）

在会议上，张工对功能模块进行了更进一步的说明：访客注册模块用于来访者提交申请与被访者确认申请，主要处理提交来访申请、来访申请审核业务，同时保存访客数据，为训练模块准备训练数据集；模型训练模块用于使用访客数据进行模型训练，为端侧设备的识别提供模型基础；端侧识别模块在边缘门禁设备上运行，使用训练好的模型来识别来访人员，与云端服务协作完成访客来访的完整业务；设备调度平台模块用于对边缘门禁设备进行管理，管理人员能够使用平台对边缘设备进行调度管理与状态监控，实现云端协同。

图 22-8 给出了基于边缘计算的智能门禁系统架构图，请结合 HTTP 协议和 MQTT 协议的特点为图中（1）～（6）处选择合适的协议；并结合张工关于功能模块的描述，补充完善图 22-8 中（7）～（10）处的空白。

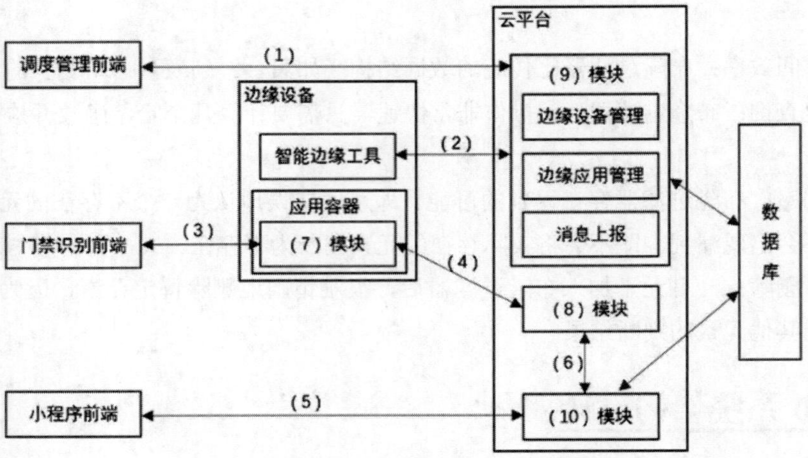

图 22-8 基于边缘计算的智能门禁系统

【问题 3】（6 分）
请用 300 字以内的文字，从数据通信、数据安全和系统性能等方面简要分析在传统云计算模型中引入边缘计算模型的优势。

答案及解析

【问题 1】参考答案/试题解析

MQTT 是一个物联网传输协议，它被设计用于轻量级的发布/订阅式消息传输，旨在为低带宽和不稳定的网络环境中的物联网设备提供可靠的网络服务。MQTT 是专门针对物联网开发的轻量级传输协议。MQTT 协议针对低带宽网络、低计算能力的设备，做了特殊的优化，使得其能适应各种物联网应用场景。

【问题 2】参考答案/试题解析

（1）HTTP （2）MQTT （3）MQTT （4）MQTT （5）HTTP （6）HTTP
（7）端侧识别 （8）模型训练 （9）设备调度平台 （10）访客注册

【问题 3】参考答案/试题解析
在传统云计算模型中引入边缘计算模型的优势如下：
- 数据通信：边缘计算减少了数据在网络中的传输距离，降低了网络延迟，提高了数据通信效率。
- 数据安全：边缘计算通过本地计算和数据存储，降低了数据在传输过程中被窃取或篡改的风险，增强了数据的安全性。
- 系统性能：边缘计算分担了云端的计算负载，提高了系统整体的处理能力和响应速度，增强了系统性能。

22.10 数仓设计

【说明】

电商业务简介：某电商网站采用商家入驻的模式，商家入驻平台需提交申请，由平台进行资质审核，审核通过后，商家拥有独立的管理后台录入商品信息。商品经过平台审核后即可发布。

网上商城主要分为：

网站前台：包括网站首页、商家首页、商品详细页、搜索页、会员中心、订单与支付相关页面以及秒杀频道。用户通过网站前台浏览商品、查找信息、下单购买等。

运营商后台：运营人员使用的管理平台，主要功能包括商家审核、品牌管理、规格管理、模板管理、商品分类管理、商品审核、广告类型管理、广告管理、订单查询和商家结算等。运营人员通过后台管理平台协调和管理整个电商平台的运营活动。

商家管理后台：入驻商家进行管理的平台，主要功能包括商品管理、订单查询统计和资金结算等。商家可以在管理后台录入和编辑商品信息，查看订单状态并处理退款请求，以及查看销售收入和平台服务费等财务信息。

数据仓库项目主要分析以下数据：

日志数据：启动日志、点击日志（广告点击日志）。

业务数据库的交易数据：用户下单、提交订单、支付、退款等核心交易数据的分析。

【问题1】（6分）

请比较数据库与数据仓库，完成表22-2中缺失的内容。

表22-2 数据库与数据仓库

对比内容	数据库	数据仓库
数据内容	（1）	历史的、归档的数据
数据目标	面向业务操作	（2）
数据特性	动态频繁更新	（3）
数据结构	（4）	简单的、冗余的、满足分析的
使用频率	高	（5）
数据访问量	（6）	访问量小；每次访问的数据量大

【问题2】（7分）

为了将用户的浏览、点击事件采集上报，可以采用何种数据采集的方法，请用200字以内的文字简单描述。

【问题3】（12分）

团队设计了如图22-9所示的系统逻辑架构图，请使用题干中描述的功能（a）～（h），补充完善（1）～（6）空白处的内容。

（a）Ngnix　　（b）Kafka　　（c）Flume　　（d）DataX
（e）HDFS　　（f）MySQL　　（g）Airflow　　（h）Impala

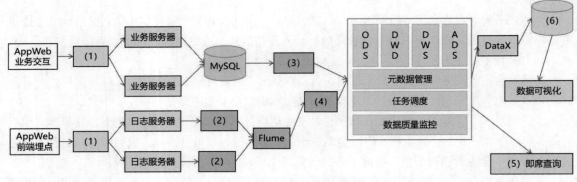

图 22-9　系统逻辑架构图

答案及解析

【问题1】参考答案

对比内容	数据库	数据仓库
数据内容	近期值、当前值	历史的、归档的数据
数据目标	面向业务操作	面向管理决策、面向分析（主题）
数据特性	动态频繁更新	静态、不能直接更新；定时添加数据
数据结构	高度结构化、满足第三范式	简单的、冗余的、满足分析的
使用频率	高	低
数据访问量	访问量大；每次访问的数据量小	访问量小；每次访问的数据量大

【问题2】参考答案

可以采用数据埋点的方法。数据埋点是一种用于采集用户行为数据的方法，通过在应用程序的特定位置添加代码，以记录用户的浏览、点击、滚动等操作。这些数据可以帮助企业了解用户行为、优化产品和提升用户体验。

【问题3】参考答案

（1）(a)　　（2）(c)　　（3）(d)　　（4）(e)　　（5）(h)　　（6）(f)